食品营养与安全

郑苗苗　主编

中国纺织出版社有限公司

内 容 提 要

本书作为食品工程等专业课教材，围绕食品营养与食品安全展开了科学、系统的论述研究。本书共分为八章，概述了食品营养与食品安全的基本概念，详细分析了各类食品的营养价值，并对膳食营养与人体健康进行了深入研究，探讨了合理膳食结构与营养食谱的设计，对影响食品安全的因素进行了分析，最后全面阐述了食品安全的监督管理体系。本书提出了食品营养与安全的相关问题，为保障食品营养与食品安全提供了更多思路与方法，充实了食品营养与安全的研究内容，可供高校食品营养与安全、食品质量与安全等专业的学生学习使用，以及各类食品生产企业的工作人员学习使用，也可作为相关研究人员参考用书。

图书在版编目（CIP）数据

食品营养与安全／郑苗苗主编 . --北京 ：中国纺织出版社有限公司，2021. 8

ISBN 978-7-5180-8655-9

Ⅰ. ①食… Ⅱ. ①郑… Ⅲ. ①食品营养—高等学校—教材②食品安全—高等学校—教材 Ⅳ. ①R151. 3 ②TS201. 6

中国版本图书馆 CIP 数据核字（2021）第 125712 号

责任编辑：闫 婷　　责任校对：寇晨晨　　责任印制：王艳丽

中国纺织出版社有限公司出版发行

地址：北京市朝阳区百子湾东里 A407 号楼　邮政编码：100124

销售电话：010—67004422　传真：010—87155801

http://www. c-textilep. com

中国纺织出版社天猫旗舰店

官方微博 http://weibo. com/2119887771

三河市宏盛印务有限公司印刷　各地新华书店经销

2021 年 8 月第 1 版第 1 次印刷

开本：710×1000　1/16　印张：11.25

字数：200 千字　定价：88.00 元

前　言

随着中国社会经济的飞速发展，我国国民的生活水平也在不断提升，民以食为天，人们对饮食方面的需求越来越高。与最初只需饱腹、生存的饮食需求不同，现在的人们希望通过合理的、科学的饮食来维护自己的身体健康，预防疾病，满足自己的营养需求。人们对食品需求的升级说明食品营养与食品安全能够提升人们的生活品质，增加整个社会的幸福感。食物原本是大自然对人类的馈赠，但是由于工业社会的发展对自然生态环境造成了一定破坏，以及人类自身在食品加工制作过程中出现的种种失误，导致许多食品安全事故发生，这对社会的稳定发展非常不利，更会影响人们的身体健康，因此，必须对食品营养与食品安全问题予以足够的重视。

食品营养与人们的身体健康有着紧密联系，获得食物中的营养与能量是人们对食品的共性需求，同时，由于年龄、性别、工作强度、生活环境的不同，人们对食品也有着差异性需求。营养不良与营养过剩都会给人体带来伤害，引发一些疾病。许多因素都会对食品营养造成影响，比如食物原料天然存在的营养缺陷，人体自身对营养成分的吸收情况等。食品安全问题对人体健康的伤害更为明显，并且还会产生不良的社会影响。影响食品安全的因素主要有环境污染、细菌病毒污染、化学品污染等。

面对种种食品营养与安全的问题，人们应该树立良好的食品营养、食品安全意识，了解合理的膳食结构，遵从科学的膳食指南，根据自身的实际情况与营养需求，适当地补充营养素，保护自己的身体健康。同时，相关机构应该努力研究开发食品营养与食品安全的检测技术，加强对食品安全的监督管理。政府要制定相应的政策法规，严格把控食品安全，健全完善食品安全监管制度，以此减少、预防食品安全事故的发生，保障人们的饮食安全，从整体上提升人们的身体健康素质。

本书围绕食品营养与食品安全，展开了科学、系统的论述研究。本书共分为八章，第一章概述了食品营养与食品安全的基本概念；第二章详细分析了食品中的营养成分；第三章介绍了植物性食品、动物性食品，以及其他食品的营养价值；第四章对膳食营养与人体健康进行了深入研究，探讨了合理的膳食结构与营养食谱的设计，简述了膳食营养与慢性病的防治；第五章对影响食品安全的因素进行了分析，包括生物因素、化学因素，以及动植物中的天然有毒物质；第六章论述了食品添加剂与食品安全管理；第七章分析了食品加工过程、食品运输过程中的食品安全管理，以及食品包装材料涉及的食品安全问题；第八章全面阐述了食品安全的监督管理体系，主要由食品安全法律体系、食品质量安全市场准入制度、食品召回制度、食品安全风险监测体系，以及进出口食品安全监管体系构成。

本书内容丰富，结构合理，针对食品营养与食品安全进行了系统、深入的研究，提出了食品营养与安全的相关问题，为保障食品营养与食品安全提供了更多的思路和方法，充实了食品营养与安全的研究内容。鉴于食品营养与食品安全的内容非常丰富，涉及的范围非常广泛，且作者水平有限，本书可能存在不足或不妥之处，恳请各位读者批评指正。

郑苗苗

2021 年 3 月

目 录

第一章　食品营养与安全概述

食品是人类赖以生存和发展的物质基础。传统观念认为食品主要有三大作用，即营养、感官和补充。其中，营养作用是指参与机体组织组成，为机体提供生命活动所需的能量；补充作用主要指对人体生理功能的调节作用，即为通常所说的营养健康功能。食品的营养和补充作用使其不仅能够为人体生长发育和维持健康提供所需的能量和营养物质，而且在众多疾病的预防和治疗中起着重要作用。除此之外，食品安全是关乎人民群众身体健康和生命安全的重大民生问题。因此，食品营养与安全成为食品领域研究的热点和重点。

第一节　食品营养的相关概念

一、食品的概念

（一）食品的基本定义

《中华人民共和国食品安全法》第一百五十条对"食品"的定义如下：食品是指各种供人食用或者饮用的成品和原料以及按照传统既是食品又是中药材的物品，但是不包括以治疗为目的的物品。[1]

《食品工业基本术语》对食品的定义为：可供人类食用或饮用的物质，包括加工食品、半成品和未加工食品，不包括烟草或只作药品用的物质。

从食品卫生立法和管理的角度，广义的食品概念还涉及：所生产食品的原料，食品原料种植，养殖过程接触的物质和环境，食品的添加物质，所有直接或间接接触食品的包装材料、设施以及影响食品原有品质的环境。

---

[1]　张磊，李立辉．商品学［M］．北京：中国铁道出版社，2018：250.

一般可以将食品划分为内源性物质成分和外源性物质成分两大部分。其中，内源性物质成分是食品本身所具有的成分，而外源性物质成分则是食品从加工到摄食全过程中人为添加的或混入的其他成分。根据食品成分的含量也可以将食品的成分大致分为八类，即蛋白质、脂肪、糖类（亦称碳水化合物）、无机质（亦称矿物质）、维生素、水、膳食纤维（统称纤维素）和甲壳素等。

（二）食品的分类

人类为了维持正常的生命活动，保证生长发育和从事生产活动，必须不断地摄取一定量的食物。这些食物中的成分在机体内消化并通过一系列新陈代谢，使机体获取营养，这是人体健康的物质保证。

国家标准中将食品分为原料食品和加工食品两大类。原料食品还可再分为鲜活食品、生鲜食品和谷物类食品。其中，鲜活食品、生鲜食品是商业企业经常使用的概念。

根据食品的来源，可分为植物性食品、动物性食品和矿物性食品。

根据食品在膳食中的比重，可分为主食和副食。

根据食品的营养价值，可分为谷物食品、动物性食品、大豆及其制品、水果与蔬菜、纯热能食品等。

二、与营养有关的概念

（一）营养

营养是人类从外界获取食物满足自身生理需要的过程，其中包括摄取、消化、吸收和体内利用等。这里所说的生理需要包括维持生长发育、代谢、修补组织等生命活动的需要。

（二）营养素

营养素指的是通过食物而获取的供给能量、构成机体组织及调节生理功能的物质。[1] 但并不是所有营养素都同时具有上述三种功能，如蛋白质以构成机体组织为主，脂肪与碳水化合物以供给机体能量为主，维生素则以调节代谢为主。

营养素的功能为：参与机体组织、细胞的构成；提供热量；维持和调节生理功能。

---

[1] 蒋峰，李卫江. 系统营养与人体健康·理疗与营养 [M]. 北京：中国科学技术出版社，2008：34.

人体的生长发育和维持正常的生理功能必须从食物摄取营养素，主要包括蛋白质、脂肪、碳水化合物、维生素和矿物质，前三类营养素可以提供能量，又称能量营养素。近年来，水和膳食纤维常被称为第六大营养素和第七大营养素。根据人体对营养素需求量的多少，可以分为宏量营养素和微量营养素。

宏量营养素：人体对宏量营养素需要量较大，包括碳水化合物、脂肪和蛋白质。这三种物质经过体内氧化可以释放能量，又称为产能营养素。碳水化合物是机体的重要能量来源，成年人所需能量的 55%~65% 应由食物中的碳水化合物提供。脂肪作为能量物质在体内氧化时释放的能量较多，可在机体内大量储存。一般情况下，人体主要利用碳水化合物和脂肪氧化供能，在机体所需能源物质供能不足时，可将蛋白质氧化供能。

微量营养素：相对宏量营养素来说，人体对微量营养素需要量较少。微量营养素包括矿物质和维生素。矿物质在体内含量不同，可以分为常量元素和微量元素。维生素可分为脂溶性维生素和水溶性维生素。

（三）营养学

营养学是研究人体营养规律及其改善措施的一门学科。所谓的人体营养规律，包括普通成年人在一般生活条件下和在特殊生活条件下，或在特殊环境因素条件下的营养规律。改善措施包括纯生物科学的措施和社会性措施，既包括措施的实施根据，也包括措施的效果评估。营养吸收过程是人体的最基本的生理过程之一，从关怀人体生理条件及其影响和影响的后果的角度出发，人们很早就注意到了营养学的研究，因而营养学是一门很古老的学科。

营养学主要讨论人体能量和营养素的正常需求、特殊生理和特殊劳动条件下的营养和膳食，以及提高我国人民营养水平的途径等。

营养与许多疾病的发生、发展有着密切关系，若身体缺乏某种营养素，会产生营养缺乏症，如缺乏维生素 A 会出现夜盲症，缺铁会产生缺铁性贫血等。某些营养物质过多也可引起疾病，如食物中胆固醇含量高可导致动脉粥样硬化，高脂肪和高糖膳食可使人肥胖。因此，人们应进行合理膳食，以保证人体的合理营养需要。

（四）食品营养价值

食品营养价值是指某种食品所含营养素和热能满足人体营养需要的程度。食品营养价值的高低，取决于食品中营养素的种类是否齐全、数量多少、相互比例是否适宜，以及是否易被消化吸收。食品的营养价值是相对的。即使是同一种食品由于品种、部位、产地和烹调加工方法的不同，营养价值也会存在一

定的差异。❶

（五）合理营养

合理营养指全面平衡的营养，或者说全面地提供达到营养素供给量的平衡膳食。

各种食品中所含营养素种类和数量有较大差别，这就告诉我们，只有合理地搭配各种食品，机体才能获得各种所需的营养素。合理营养有以下基本要求。

（1）应满足机体对热能和各种营养素摄入量的要求。摄入量长期过低，将发生营养缺乏病，过高也会发生营养过剩性疾病。

（2）机体通过进食达到营养素摄入量比例适当。包括三大产热营养素比例，热能摄入量与和代谢密切相关的硫胺素、核黄素和烟酸的比例，必需氨基酸之间的比例，不饱和脂肪酸的比例，各种矿物质的比例，各种维生素的比例等。

（3）减少烹调加工和贮藏中营养素的损失。要提高技术水平，提高营养素保存率，从而提高食品营养价值。

（4）建立合理的饮食制度。有规律地进食可提高食欲、增加吸收，对健康极为有利。

（5）摄入的食品对人体无害。食品不能腐败变质，受农药和有害化学物质污染极低，加入的食品添加剂的量应符合规定要求等。

（六）营养不良

营养不良指由于一种或一种以上营养素的缺乏或过剩所造成的机体健康异常或疾病状态，包括营养缺乏和营养过剩两大类。

三、食品卫生

根据世界卫生组织（WHO）所下的定义：食品卫生是指从食品的生产、制造到最后消费之间，为确保食品的安全、卫生、完好而采取的所有必要措施。

食品的安全与卫生关系到食用者的健康和生命。由于生物圈遭到破坏，大量的工业三废污染、农药污染等，造成了严重的水污染和食品污染，种类繁多的污染物通过食物链的生物富集作用，导致对人体的急性、慢性毒害和致癌、

---

❶ 宋春丽，任健. 食品营养学 ［M］. 哈尔滨：哈尔滨工程大学出版社，2018：158.

致畸、致突变，使人的健康和生命受到威胁。

无公害食品、绿色食品等的兴起充分说明了人们对食品安全性的重视。绿色食品是指安全、营养、优质、无污染的食品。目前，世界各国都在极力推广无公害食品、绿色食品，以及有机食品。

四、健康

健康是人类永恒的话题，是人类所追求的目标和共同的愿望。人类对健康概念的理解在不同时期有着不同的解释。远古时期，生产力极其低下，人们对自然界的认知还处于感性阶段，不能正确解释疾病的实质，只能用"上天和神灵的力量或惩罚"来认识疾病。随着生产力的迅速提高，医药学以及相关学科的不断发展，人们开始认识到健康是可以把握、不依赖于天命的，并逐渐形成了健康就是能正常工作或没有疾病的机械唯物论的健康观。

进入 20 世纪中期以后，健康的内涵不断发展，由过去单一的生理健康（一维）发展到生理、心理健康（二维），又发展到生理、心理、社会良好（三维）。1948 年，世界卫生组织提出了著名的健康三维概念，即"健康不仅是没有疾病或不虚弱，它还涉及身体的、心理的和社会的完美状态"。1989年，世界卫生组织进一步定义了四维健康新概念，即"一个人在身体健康、心理健康、道德健康和社会适应健康四个方面皆健全"。[1]

可见，"健康"主要包含身体健康、心理健康、道德健康和社会适应健康四个方面的内容，身体健康只是其中一个方面。

（一）身体健康

身体健康是指人在生物学方面的健康，即人体的结构完整和生理功能的正常，并且身体的健康是人整体健康的基础。人体结构的完整，是说人的躯体是由结构复杂程度不同的物质，从简单到复杂（分子、细胞、器官和系统等）逐级形成的一个有机整体，并且这个整体无论是在结构上还是在生命的活动过程中都是有序的和不断变化的。而生理功能的正常则是机体的新陈代谢、生长发育、生产和生活活动以及机体对环境变化（刺激）的反应性和适应性均处于正常状态。例如，无疾病、肢体无伤残、无饥寒、能精力充沛地生活和劳动，有常见健康障碍和疾病的预防及治疗的基本知识，并能采取积极、合理的预防、治疗和康复措施。

只有极少的人能达到健康标准，大部分人是介于健康与疾病之间的一种状

---

[1] 孙丽娜. 大学生体育与健康研究 [M]. 北京：煤炭工业出版社，2018：3.

态，称为亚健康。亚健康是指无明确疾病（包括躯体和心理的、器质性的），但却表现出精神活力的下降和适应能力的减退。❶ 具体可表现为身体和心理上的不足，如疲乏无力、精神不振、焦虑、头痛、失眠、食欲减退等，但经现代仪器检测或临床医师的诊断均未达到疾病的标准。在这种状态下，人体机能、免疫功能已有所下降，容易患病。

健康绝不是大自然所赐予的一劳永逸的财富。健康是在人从出生到完全成熟过程中逐步形成的，并维持多年，以使人成为一个积极的社会成员或社会栋梁之材。

（二）心理健康

心理健康是指人的内心世界丰富充实，处世态度和谐安宁，与周围环境保持协调。具体来讲，心理健康包括两层含义：一是自我人格完整，心理平衡，有较好的自控能力，有自知之明，能正确评价自己，能及时发现并克服自己的缺点；二是有正确的人生目标，不断追求和进取，对未来充满信心。

（三）道德健康

道德是以善恶与荣辱观来评价和调节人们的社会生活行为的一种社会规范。作为一种行为规范，道德的作用主要是通过对人的行为提出善与恶、荣与辱、正义与非正义、诚实与虚伪的社会评价舆论，并对社会成员进行导向和制约。

道德舆论将一定的社会行为准则推荐给社会成员，经过个体的认知过程在其内心树立起某种初步的道德信念，并逐步深化其道德认识。通过舆论的褒扬、贬抑和谴责而产生作用力，控制和影响个人的需要、动机和行为。例如，在公共场所吸烟或随地吐痰，不顾忌他人的感受，无节制地进行各种娱乐活动而影响到他人的睡眠和休息，等等，均会受到旁人的厌恶和批评。

社会的道德舆论导向影响着个体道德观念的形成，个体道德观念又直接制约着个体的行为。因此，道德健康就是指既为自己的健康也为他人的健康负责任，把个人行为置于社会规范之内。良好的道德素质是立身之本。

（四）社会适应健康

社会适应主要指人在社会生活中的角色适应，包括职业角色、家庭角色及婚姻、家庭、工作、学习、娱乐中的角色转换与人际关系等的适应。而社会适

---

❶ 黄继珍，刘英梅，王建伟. 大学体育与健康［M］. 广州：广东高等教育出版社，2018：57.

应健康，则是指人的行为能适应复杂的社会环境变化，能为他人所理解，为社会所接受，行为符合社会身份，能与他人保持正常的人际关系。同时，不管是人的角色的适应，还是人的行为的适应，一方面应注意到适度的问题，另一方面应考虑到正确选择适应方式和积极适应的态度。

总而言之，我们应当意识到健康是可以维护的。而健康的维护最主要的就是要从每个人自身做起，以对自己、对社会负责任的态度，积极主动地关爱自己的健康，自觉抵御各种不良诱惑，保持自身始终处于一个良好的适应状态，以达到积极维护自身健康的目的。

第二节　食品营养的发展及研究

一、食品营养的发展

（一）世界食品营养发展概况

现代食品营养学，除研究食物中营养素和非营养素的结构、性质、生理功能等内容外，还大量研究了各类食物的营养价值、各营养成分在食品加工储藏中的变化及防止损失的措施、食品的营养强化以及食品新资源的开发，尤其是对食品的营养强化，许多国家十分重视。美国食品药品监督管理局（FDA）于1941年年底提出了第一个强化面粉的标准，此后强化食品层出不穷。今天，美国大约有92%以上的早餐谷物类食物进行了强化。日本的强化食品种类繁多，有分别适用于普通人、病人和一些特殊人群食用的强化食品，并有严格的标准。欧洲各国在20世纪50年代，先后对食品强化建立了政府的监督、管理体制。有些国家还对某些主食品强制添加一定的营养素，如英国规定面粉中至少应加入维生素 B_1（2.4 mg/kg）和烟酸（16.5 mg/kg），人造奶油中必须添加维生素 A 和维生素 D。

此外，营养与健康、营养与保健的关系已成为现代食品营养学的一项重要内容。越来越多的研究表明，一些重要的慢性病（癌症、心脑血管病、糖尿病等）与膳食营养关系十分密切，膳食营养因素是这些疾病的重要成因或者是预防和治疗这些疾病的重要手段，如高盐可引起高血压；蔬菜和水果对多种癌症有预防作用；叶酸、维生素 B_6 和维生素 B_{12}、同型半胱氨酸与冠心病有重要关系等。另外，一些研究表明癌症、高血压、冠心病、糖尿病，乃至骨质疏松症等的发生和发展都与一些共同的膳食因素有关，尤其是由于营养不平衡而导致的肥胖，则是大多数慢性病的共同危险因素。所以，WHO 强调在社区中用改善膳食和适当体力活动为主的干预策略来防治多种慢性病。这些方面的研究还在不断发展。

然而，当今世界仍然存在严重的营养问题，按照不同地区的经济和社会发展状况，可分为两种类型。

一种是在不发达的发展中国家，由于贫困、灾荒和战乱所造成的营养问题，主要是营养缺乏性疾病和慢性热能不足所致的干瘦型营养不良，慢性蛋白质不足引起的水肿型营养不良，铁缺乏及缺铁性贫血，维生素 A、维生素 D 缺乏和碘缺乏及微量元素缺乏等。

另一种营养问题是在发达国家中因营养不平衡和营养过剩导致肥胖症而引起的"富贵型"疾病，如高血压、冠心病、动脉粥样硬化、糖尿病等。

(二) 中国食品营养发展概况

中华人民共和国成立之后，特别是改革开放以来，党和政府十分重视营养工作，把发展食物生产、保障供给、改善居民营养作为一项基本国策。居民生活告别了温饱问题，正进入追求营养与健康的更高质量的时代。

1. 中国食品营养发展现状

(1) 消费数量和质量明显上升。改革开放以来，我国实施高产、优质、高效的农业方针，依靠现代食物生产技术，增加农业投入，使食物生产稳定持续增长。

国家采取政府与市场相结合的方针，努力保障人民的食物消费与营养水平。商品粮基地建设、"菜篮子工程"、优势农产品区域布局规划、食品放心工程、无公害食品行动计划等工程的实施，有力地保障了食物稳定、安全、优质的供给。同时，食物消费支出占生活费用支出的比例（恩格尔系数）逐步下降。

(2) 居民营养水平逐步提高。经过几十年的努力，中国人民营养健康水平有了显著提高，食物消费结构得到了改善。全国居民人均每日摄入能量有所提高，基本达到了营养素供给标准，居民摄入的蛋白质总量中，动物性蛋白质比重有所增长，膳食质量明显改善，居民的营养水平有了提高，营养状况大有好转，特别是儿童体质增强、营养不良发生率明显下降。

(3) 营养问题的现状与特征。虽然中国的食物消费和营养水平有了提高，膳食结构有所改善，但营养水平还是低于发达国家，也低于世界平均水平。主要的营养问题为营养摄入不足与营养结构失衡并存。从总体上看，我国膳食热量、蛋白质的摄入量及其来源等指标仍低于世界平均水平，更低于发达国家的水平。在经济发达程度低的农村地区，食物保障低于正常水平，营养素摄入不足，营养不良比较严重。

营养不良、营养结构失衡严重制约着国民人口素质的提高和社会经济的健康发展。所以，我国的营养工作面临营养缺乏和过剩的双重挑战。我们相信，在党和政府的正确领导下，经过广大从事营养、食物生产工作者的共同努力，以及广大民众的积极参与，我国居民的膳食结构将进一步改善，营养水平将进一步提高。

2. 中国食品营养发展的主要任务

中国食品营养发展的主要任务有以下几点。

（1）加强食品营养法制建设，完善食品营养标准体系。加快食品营养立法步伐，制定食品管理法规，抓紧制定关于营养师、营养标志、儿童营养方面的法规，把居民营养纳入法制轨道。

（2）加强科技研究，提高食品营养发展的科技水平。加强食物发展各领域的基础研究和技术开发工作，促进产、学、研相结合，不断增强开发新产品、新技术、新工艺的能力；加强生物技术、信息技术等高新技术在食品营养领域的应用研究，显著提高食物产量、质量、安全和卫生水平；开展食物、营养与健康的相关研究，培养和造就食品营养科学研究领域的高层次人才；吸收发达国家的先进经验，注重引进、消化、吸收国外有关食品营养的先进技术。

（3）实施有关营养改善行动计划。继续规范实施国家营养改善行动计划、国家大豆行动计划、国家学生饮用奶计划等，积极推广学生营养餐，并作为国民营养改善的一项重要工作，成立协调机构，制定相关法规，依法加强管理。

（4）开展营养与疾病防治的研究，建立各种病人的临床营养与膳食，研究其科学管理和建立相应机构，开展儿童、孕妇、老人、特殊生活和不同劳动条件下人群的合理营养与膳食的研究，开展对营养缺乏、营养失调及营养代谢疾病、心血管系统疾病和肿瘤等营养性疾病的防治。

（5）加强营养监测，建立食品安全保障系统。坚持重点监控与系统监测相结合，检测不同地区、不同人群的营养状况。加强食物信息建设，建立我国食物安全与早期预防系统，保障全民食物供给和消费安全。

（6）全面普及营养知识，提高全民营养意识。充分发挥各种新闻媒体的作用，加强营养知识的宣传，提高城乡居民的营养科学知识和自我保健意识，引导居民的食物消费方向，提高全民科学、合理膳食的自觉性；加强对中小学生和家长的营养知识教育，把营养健康教育纳入中小学教育内容；提高在职营养专业人员的社会地位，逐步在医院、幼儿园、学校、企事业单位的公共食堂及餐饮服务业推行营养师制度。

3. 中国食品营养发展的重点领域、地区和人群

（1）我国食品营养发展的重点领域。我国食品营养发展的内容多、任务重、领域广，要在整体推进的基础上，把涉及食品营养发展的难点和薄弱环节作为今后的重点内容，优先发展。其重点领域主要有以下几个。

①奶类产业。加快发展奶业，提高居民奶类消费水平。

②大豆产业。大力发展大豆产业，促进大豆及其产品的生产和消费，提高大豆食品的供给水平；开展大豆资源、生产、精深加工等方面的科学研究。

③食品加工业。优先支持对主食的加工，加快居民主食制成品食物发展的步伐，重点发展符合营养要求的方便食品、速冻食品。加快开展食物营养强化工作，重点推行主食品营养强化，减轻食物营养缺乏的状况。

（2）我国食品营养发展的重点地区。食品营养发展需要全民参与、协调发展，把相对落后的地区作为重点。其重点地区主要有以下几个。

①农村地区。加快农村经济发展，调整农村经济结构，增加农民收入，提高食物消费能力；改善农村地区营养状况，提高农村居民生活质量。

②西部地区。合理开发和利用优势资源，建设西部特色食物生产基地，促进西部地区食物增长与环境改善协调发展，促使西部地区农民食物与营养状况不断改善。

（3）我国食品营养发展的重点人群。营养改善是长期的任务，在注重各类人群营养改善的同时，还要切实抓好弱势人群的营养改善工作。其重点人群主要有以下几类。

①少年儿童群体。优先保证这一群体的营养供给，定期对少年儿童营养状况进行监测，实行有针对性的营养指导。

②妇幼群体。加大妇幼群体营养改善的力度，逐步建立孕妇、婴儿营养保障制度，保障妇女尤其是孕妇、产妇和哺乳妇女的营养平衡；大力开发适合妇幼群体消费的系列食品，加强对妇幼食品的市场管理。

③老年人群体。建立老年人营养保障制度，研究开发适合老年人消费的系列食物，重点发展营养强化食品和低盐、低脂、低能量食品，降低老年人营养性疾病的发生率。

4. 中国食品营养发展的新形势

当前，我国食品营养发展面临新的形势。

（1）居民生活水平的不断提高，对食品多样化、优质化需求明显增加；对食品安全卫生要求不断提高。

（2）居民食品消费正处于由小康向更加富裕转型时期，急需加强食物与

营养的指导工作，促进居民形成良好的饮食习惯。否则，既可能造成资源浪费，也可能会影响一代甚至几代人的身体素质的提高。

（3）世界经济和现代科技的发展，使国际食品营养产业呈加速发展趋势，必须加快我国食物与营养工作，以跟上世界发展的步伐。

我国食品营养工作面临着十分艰巨的任务，必须调整战略，转变观念，明确发展重点，制定有效的政策措施，促进食物与营养取得新的发展。

二、食品营养的研究

（一）研究任务

近十年来，随着我国经济状况的明显好转，特别是食品工业迅速发展，食品种类和数量有较大增长。在此情况下，我们应更重视食品加工、储藏与营养价值及食品卫生之间的关系问题，使加工成的食品或经储藏后的食品具有较高的营养价值。随着人民生活水平的提高，以往"饥不择食"的现象起了变化，人们开始要求摄取营养价值高的食品，食品营养（特别是平衡营养）、合理膳食日益受到重视。

今天，人们对食品质量的衡量标准已经发生了很大变化，首先考虑的是食品安全、卫生和营养价值，其次是食品的色、香、味、形等感官指标，再者是食品的功能性。

食品营养研究的主要任务是研究食品营养与人体健康的关系、平衡营养与合理膳食，在全面理解各类食品的营养价值和不同人群对食品的营养要求的基础上，掌握食品营养的理论和实际技能，并且学会平衡膳食，学会对食品营养价值的评定方法，以及评定结果在营养食品生产、食物资源开发等方面的应用；在发展我国食品工业上不断地提供具有高营养价值的食品，为调整我国人民的膳食结构、改善人民的营养状况和提高其健康水平服务。

（二）研究内容

（1）人体对食物的摄取、消化、吸收、代谢、排泄等（营养）过程。

（2）营养素的作用机制和它们之间的相互关系。

（3）各类食品的营养价值及其检测，包括谷类、豆类等食品的营养价值及加工变化。

（4）不同人群食品的营养，包括的人群有孕妇、乳母、儿童、老年和特殊环境作业人员等。

（5）营养与疾病的关系，包括营养缺乏和过剩对人体健康的影响。

（6）合理的膳食结构和营养调查，包括膳食营养素供给量、国内外膳食结构、营养模式、我国膳食结构改进目标、膳食指南、营养政策和营养调查等。

（7）食品营养学发展方向及途径，包括食品的营养强化、混配食品、食品与健康、方便食品和人造食品、食物资源开发利用等。

（三）研究方法

研究和解决食品营养的理论和实际问题所应用的主要方法有：食品分析技术（如检测食品营养素含量）和生物学实验方法，尤其是运用动物代谢实验评价食品营养价值的基本方法；营养调查（膳食调查）方法；生物化学、食品化学和食品微生物学的方法；食品毒理学方法，以及医学研究方法等。此外，功能基因学、DNA 重组技术、先进分析仪器、计算机信息技术等都是必要的。当然，来自政府和产业界的支持基金的增长，也是解决问题的一个关键方面。

为了指导民众合理地选择和搭配食物，世界多国制定了膳食指南和营养素每日推荐供给量，是针对各国各地区存在的问题而提出的通俗易懂、简明扼要的合理膳食基本要求。中国已经发布了《中国居民膳食指南》《特定人群膳食指南》《中国居民平衡膳食宝塔》，这是我国人民膳食的指南，我们应积极宣传执行。合理营养是健康的物质基础，而平衡膳食是合理营养的唯一途径。根据膳食指南的原则并参照平衡膳食宝塔的搭配来安排日常饮食是通往健康的光明之路。

第三节 食品安全的定义与原则

一、食品安全的定义

1974 年，联合国粮食及农业组织（简称粮农组织，FAO）提出了"食品安全"的概念。从广义上来讲，主要包括三个方面的内容。从数量上看，国家能够提供给公众足够的食物，满足社会稳定的基本需要；从卫生安全角度看，食品对人体健康不应造成任何危害，并能获取充足的营养；从发展上看，食品的获得要注重生态环境的良好保护和资源利用的可持续性。

我国食品安全法规定的"食品安全"，是指食品无毒、无害，符合应当有的营养要求，对人体健康不造成任何急性、亚急性或者慢性危害。食品安全法所定义的狭义的食品安全概念，是出于既能满足需求，又可以维护可持续意义上的食品安全，是由农业法和环境保护法等法律进行规范的考量。

我国《重大食品安全事故应急预案》中将食品安全定义为：食品中不应包含有可能损害或威胁人体健康的有毒、有害物质或不安全因素，不可导致消费者急性、慢性中毒或感染疾病，不能产生危及消费者及其后代健康的隐患。该定义是在《中华人民共和国食品安全法》（以下简称《食品安全法》）的基础上，对食品的基本属性更进一步的描述。食品在满足基本属性的同时，被不可避免地通过环境、生产设备、操作人员、包装材料等带入一定的污染物，包括重金属污染、农药残留、生物性污染物、化学性污染物等，但这些污染物在食品中的含量是有限制的，即在食品安全国家标准规定范围之内。食品安全国家标准制定的根据就是按照通常的使用量和使用方法，不对人体产生急、慢性和蓄积毒性的科学数据。

二、食品安全的内涵

食品安全包括食品卫生安全、食品质量安全、食品营养安全和食品生物安全。

（一）食品卫生安全

食品的基本要求是卫生和必要的营养，其中食品卫生是食品的最基本要求。强调保证食品卫生，是解决吃得是否干净、有害与无害、有毒与无毒的问题，也就是食品安全与卫生的问题。食品卫生是创造和维持一个有益于人类健康的生产环境，必须在清洁的生产加工环境中，由身体健康的食品从业人员加工食品，防止因微生物污染食品而引发的食源性疾病。同时，使引起食品腐败的微生物繁殖减小到最低程度。

食品安全是以食品卫生为基础的。食品安全包括了食品卫生的基本含义，即"食品应当对人体无毒、无害"。

从一般意义来讲，做好以下几个方面，食品卫生安全就会得到基本保障。

净：就是在原料处理过程中，要剔净、掏净、摘净、洗净，通过粗加工，保证食品中没有杂质。

透：就是要在烹饪中，做到蒸透、煮透、炸透。通过热加工把食品深部的细菌杀死。

分：就是粗加工和细加工分开；解冰用水与蔬菜洗涤分开；生熟食品用具分开；加工后的熟制品与半成品分开存放；半成品与未加工的原料分开存放。

防：就是加工后的熟食要注意防蝇、防尘；勿用手接触熟食，防止食品交叉和重复污染。

（二）食品质量安全

食品质量是指食品满足消费者明确的或者隐含的需要的特性，包括功用性、卫生性、营养性、稳定性和经济性。

功用性：色、香、味、形，提供能量，提神兴奋，防暑降温，爽身。

卫生性：不污染，无毒、无害。

营养性：生物价值高。

稳定性：易保存，不变质、不分解。

经济性：物美价廉，食用方便。

食品质量安全是指食品产品品质的优劣程度，包括食品的外观品质和内在品质。外观品质如感官指标色、香、味、形；内在品质包括口感、滋味、气味等。食品要具有相应的色、香、味、形等感官性状和符合产品标准规定的应有的营养要求。

（三）食品营养安全

按照联合国粮农组织的解释，营养安全就是在人类的日常生活中，要有足够的、平衡的，并且含有人体发育必需的营养元素供给，以达到完善的食品安全。

食品的营养成分指标要平衡，结构要合理。食品必须要有营养，如蛋白质、脂肪、维生素、矿物质、纤维素等各种人体生理需要的营养素要达到国家相应的产品标准，能促进人体的健康。如果食品达不到国家相应的产品标准，这种食品在营养上就是不安全的。

（四）食品生物安全

食品生物安全是指现代生物技术的研究、开发、应用，以及转基因生物的跨国、越境转移，可能会对生物多样性、生态环境和人体健康及生命安全产生潜在的不利影响，特别是各类转基因活生物释放到环境中可能对生物多样性构成潜在的风险与威胁。

三、食品安全的原则

日常生活中，人们接触的一些不安全食品除了是人为造成的之外，还有一些是因为食品本身含有或自身变化产生的有毒有害物质。此外，还包括食品加工、储存、处理不当而自身形成的有害物质，以及外界污染如致病微生物、寄生虫、农药、重金属和其他有害化学物及放射性物质造成的污染等。食品加工过程中有意加入的成分（如食品添加剂）的滥用，非法加入有毒有害的非食用物质等都会成为危害人类健康的重要因素。

在选购食品时，可以避免食品安全问题的发生。因此，要减免各类食物中毒和食源性疾病的发生，应当提高自我保护意识，选购安全健康的食品。如何识别选购安全食品？怎样才能买到安全放心的食品？

（一）中国规定的食品安全基本原则

（1）尽量选择有品牌、有信誉、取得相关认证的食品企业的产品。

（2）不买腐败、霉烂、变质或过保质期的食品，慎重购买接近保质期的食品。

（3）不买比正常价格便宜许多的食品，以防上当受骗。

（4）有毒有害的食品不吃也不要买，如河豚、毒蘑菇、果子狸等。

（5）不买来历不明的死物。

（6）不买畸形的或与正常食品有明显色彩差异的鱼、蛋、瓜、果、禽、畜等。

（7）不买来历可疑和未按照国家质量标准栽培的反季节的瓜果蔬菜等。

（8）买回的食品应按要求进行严格的清洗、制作和保存。

（9）厨房以及厨房内的设施、用具按要求进行清洁管理。

（10）不宜多吃国家卫生部提醒的以下十种食物：松花蛋、臭豆腐、味精、方便面、葵花籽、菠菜、猪肝、烤牛羊肉、腌菜、油条。

（二）亚洲营养信息中心规定的食品安全原则

世界卫生组织指出，尽管各国在食品种类、方便性和安全性方面有了长足进步，但由微生物污染引发的疾病案例不论是在发达国家还是在发展中国家都在上升。

为了保护人们免受食品相关疾病的影响，亚洲营养信息中心发出下列10条食品安全提示。

（1）认真对待"有效期"和"保质期"，不购买过期产品，发现过期产品应立即告知商店经营者。如果包装食品在包装上标明的有效期内"变坏"或回家后发现包装破损，应退货并向零售商或食品加工商报告。

（2）假冒伪劣食品涉及使用劣质、廉价原料来欺骗消费者并降低竞争成本。如发现销售假冒品牌、假冒标签的食品及被污染过的食品等应向有关机构检举揭发。检举揭发这些事件可以帮助当局查处不法商贩，防止此类事件重现。

（3）生鲜食品特别是肉类、鱼类和其他海鲜应存放在冰箱底层，加工过的食品放在顶层。食品应包装或妥善盖好后贮存。

（4）不要将热食物放入冰箱，因为这样会使冰箱内温度升高。

（5）将罐、瓶和包贮存在干燥凉爽的地方并防范昆虫或鼠类等。

（6）在准备食物和吃饭前一定要洗手。

（7）处理生鲜食物的用具使用后、处理已烹调过的食品前或处理打算生吃的食品前的用具必须彻底清洗。

（8）认真选择食品采购和就餐的地点。确保其人员、餐具和其他设施都干净整洁。这是反映餐馆（包括"幕后"设施）卫生标准的重要指标。

（9）冷热食物应符合温度要求。避免食用任何在室温下保存两小时以上的食物。在会议、大型社交活动、室外活动等需要预先、大量准备食物或外部条件较差的情况下尤其需要特别注意。

（10）如果对水果和蔬菜等生鲜食品的安全性有疑虑，原则上应"煮食、烹调、削皮或扔掉"。

第四节　食品安全的社会影响

一、食品安全问题备受关注的原因

食品安全是个古老而又现代的话题，在社会发展的不同时期会出现不同的食品安全问题。

在现代社会，食品安全问题变得更加突出，一是随着社会的发展，人们的生活质量日益提高和受到重视。

二是现代科技在目前阶段的发展状况，也造成了大量的食品安全问题。在生活中各种化学物质、有毒有害物质会不断地释放到环境中，出现在食品链的各个环节，产生各种急性和慢性食源性危害，包括致癌致畸、致突变等严重的毒害作用。古老的生物性危害随着物种的进化、突变、重组，毒蛋白及毒素的产生，会不断地出现新的生物性危害因子，物理性危害也会以新的形式出现在食品链中，这些都给食品增添了新的不安全因素。

二、食品安全问题所造成的社会影响

食品安全问题对人们的健康、生命安全、社会经济生活乃至政治等方面都产生着巨大的影响。

由不安全食品引起的食源性疾病危害着人类的身体健康和生命安全。这样的案例很多，例如，在发达国家每年约有 1/2 的人感染食源性疾病，这个问题在发展中国家更为严重。在一些不发达国家中导致死亡的主要原因是食源性和水源性腹泻，每年约有 220 万人因此丧生。

食品安全问题对社会经济发展也产生了显著的影响。这不仅表现在支付疾病治疗与控制方面的所需费用、不合格产品销毁等直接经济损失上，而且还表现在相关的间接经济损失上。食品安全事件对企业、国家形象的伤害可造成其产品贸易（特别是国际贸易）机会的减少甚至丧失；其对消费者信心的打击可导致企业的破产，甚至是一个产业的崩溃，这些间接经济损失往往比直接经济损失更大。

食品安全对社会政治生活也会造成重大危害和影响。食品安全是一种公共安全，也是国家安全的一部分。一些由食品安全问题引发的食品恐慌事件能导致所在国家或地区动荡不安，影响人们的正常生活。1999 年发生的二噁英事件中，导致当时的比利时政府集体辞职，是食品安全事件对政治生活产生严重影响的最典型例子。

三、加强食品安全的策略

（一）政府全方位出重拳，保证食品安全

1. 健全食品安全法律法规体系，真正做到执法必严，违法必究

通过多年来的努力，我国已建立起较为完善的法律法规体系，目前我国有关食品安全的法律主要有《中华人民共和国食品安全法》《中华人民共和国产品质量法》《中华人民共和国标准化法》《中华人民共和国农业法》《中华人民共和国农产品质量安全法》等，与食品安全密切相关的法律，有《中华人民共和国进出口商品检验法》《中华人民共和国进出境动植物检疫法》《中华人民共和国国境卫生检疫法》等。另外还有一系列的法规和规章，这对防止和控制食品中有害因素对人体的危害，预防和减少食源性疾病的发生，保证食品安全，保障人民健康发挥了重要作用。但也要认识到，我国食品安全法律法规体系仍不够完善，部分地区存在执法体系之间协调性差、权限和职能不清，

法律法规的效力和执行力度不够等问题，有待进一步加强。

2. 制定与食品安全相关的标准体系、制度

（1）积极研究、制定并严格执行食品安全标准。我国已初步形成了门类齐全、结构相对合理的食品安全标准体系，但仍不够完善。食品安全标准的统一性、协调性、实用性和时效性还不够强，部分标准水平偏低，必须及时修订完善，同时要加大食品安全标准的实施力度。

（2）不断完善和发展食品安全标准体系。推行食品 GMP（食品良好生产规范），实施 SSOP（卫生标准操作程序）和 HACCP（危害分析与关键控制点）。适时修订、补充食品安全标准。

（3）完善食品认证体系，健全食品准入制度。我国基本建成了统一的食品认证体系，如 HACCP、CMP、SC、无公害农产品、绿色食品、有机食品等认证，但实行过程中需进一步规范和完善。

（4）建立食品安全信息体系和可追溯体系。建立能及时、准确、全面、公开和有效提供食品安全方面的信息，以利于社会监督和维护公众信心，提高食品安全管理水平，促进行业自律。食品可追溯体系的建立，可快速召回问题食品，增强公众食品消费的安全感，有利于政府管理部门加强食品安全的监管。

（5）完善食品安全应急机制。应从法律、行政和技术层面完善食品安全应急机制。

3. 打击违法企业，履行监督职能

违法企业和把没有质量安全保证的产品推向市场，要受到严厉打击，增强生产者及销售者的责任心，增加消费者对食品安全的信心。

同时，政府负有监督管理食品安全的社会责任，在依据食品安全的法律、法规进行监管的同时，各监管主体还需要提升自身的监管理念，加强自身的制度建设，更好地为维护食品安全服务。

（二）企业应承担法律与道德责任

食品工业不仅是我们赖以生存的生命工程，同时还是一个道德工程，它要求食品生产经营者是食品卫生与安全的第一责任人，应对于食品安全履行应有的法律责任和道德责任。应建立和完善产品溯源制度和可追溯的技术体系，可以追溯食品的产地和生产者，使得守法的食品生产企业得到保护和受到尊敬。

（三）消费者

消费者的责任就是按照标签说明的方式正确食用，并应养成良好的饮食卫

生习惯和确立维护自身的食品安全权与监督权的意识。

（四）发挥媒体的参与与监督作用

现代社会的食品安全问题，也离不开媒体的参与和监督，新闻媒体对于食品安全也需要发挥"社会监视器"功能。

总之，食品安全的维护与实现是一个社会工程，需要全社会的共同努力。

第五节　安全食品的分类与等级

一、安全食品具体分类与等级

目前，除了普通食品之外，安全食品还包括无公害食品、绿色食品、有机食品等不同的类别，其安全性的等级依次提高。

（一）普通食品

普通食品也称常规食品，是在一般生态环境、生产条件下进行生产和加工，其产品必须经过县级以上的卫生或者质检部门的检验达到标准，属于安全范畴的食品。它既是我国农业和食品加工业的主要产品，也是目前我国大众所消费的主要食品，相关人员估计普通食品占整个食品消费量的90%以上[1]。

（二）无公害食品

无公害食品（农产品），是指产地环境、生产过程和最终产品符合无公害食品标准和规范，经专门机构认定，许可使用无公害农产品标识的食品。在我国需经过省级以上农业行政主管部门认证，才允许使用无公害农产品标志。在其生产过程中允许限量、限品种、限时间地使用人工合成的、安全的化学农药、兽药、渔药、肥料、饲料添加剂等。

（三）绿色食品

绿色食品，是指遵循可持续发展原则，按照特定生产方式生产和经专门机构认定、许可使用绿色食品标志，无污染的安全、优质、营养类的食品。由于

---

[1]　原群英，等. 食品安全：全球现状与对策［M］. 广州：广东世界图书出版公司，2011：10.

国际上通常将与环境保护有关的事物冠之以"绿色",也为更加突出这类食品出自良好的生态环境,因此定名为绿色食品。绿色食品划分为 A 级与 AA 级两个类别,后者的安全级别更高一些,其区别在于前者允许限量使用限定的化学生产资料,而后者是在生产过程中不使用化学合成的农药、肥料、食品添加剂、饲料添加剂、兽药及有害于环境和人体健康的生产资料。

(四)有机食品

有机食品,是生产环境未受到污染、纯天然的高品位的安全食品,它来自有机农业生产体系,根据有机农业生产要求和相应标准生产加工的,即在原料生产和产品加工过程中不使用化肥、农药、生长激素、化学添加剂等化学物质,不使用基因工程技术,并通过独立的有机食品认证机构认证的一切农副产品,包括粮食、蔬菜、水果、奶制品、畜禽产品、蜂蜜、水产品、调料等。

二、无公害农产品、绿色食品、有机食品的区别

无公害农产品是绿色食品和有机食品发展的基础和初级阶段,绿色食品和有机食品是在无公害农产品基础上的进一步提高,有机食品是质量更高的绿色食品。三类产品虽有密切联系,但在产地环境、价格、质量上却有很大的差别。

(一)产地环境标准要求不同

无公害农产品的生产受地域环境质量的制约,对产地的空气、农田灌溉水质、渔业水质、畜禽养殖用水和土壤等的各项指标以及浓度限值都做出规定,强调具有良好的生态地域环境,以保证无公害农产品最终产品的无污染、安全性。

绿色食品的生产基地选择首先要求大气环境、土壤环境、农业灌溉水质等必须符合相关的质量标准,并且在相当大的范围内无粉尘地带,而且附近尤其是在水的上游、上风地段没有如化工厂、造纸厂、水泥厂、硫黄厂、金属镁厂等污染源,产地需要距离主干公路 50 m 以外,每隔 2~3 年需要经过环保部门对果园附近的大气、灌溉水和土壤进行检测,有害物质不得超过国家规定的标准。

有机食品的生产基地要求在最近 3 年内未使用过农药、化肥等违禁物质,并且无水土流失及空气环境污染等问题,从常规种植向有机种植的转换需要有两年以上的转换期。

（二）生产技术标准要求不同

无公害农产品对病、虫、害等坚持预防为主、综合防治的原则，严格控制使用化学农药。农药残留量控制在限量范围内，禁止使用具有高毒、高残留或具有致癌、致畸、致突变作用的农药，严禁使用无"三证"（国家登记证、生产许可证或批准证、执行标准号）的农药。肥料施用原则以有机肥为主，辅以其他肥料；以多元复合肥为主，单元素肥料为辅；以基肥为主，追肥为辅。应尽量限制化肥的施用，如确实需要时可以有限度地选择施用化肥。在生产过程中制定相应的无公害生产操作规范，建立相应的文档和进行备案。

绿色食品的生产用肥则必须符合国家"生产绿色食品的肥料使用原则"的规定，生产 AA 级绿色食品要求使用农家肥（包括绿肥和饼肥）和非化学合成商品肥料（包括腐殖酸和微生物肥料）；生产 A 级绿色食品则允许限量使用部分化学合成肥料。要求应尽量不用或少用化学农药，严禁使用剧毒、高毒、高残留和具有致癌、致畸、致突变的化学农药。

有机食品在生产过程中绝对禁止使用农药、化肥、激素等人工合成物质，不允许使用基因工程技术。作物的秸秆、畜禽粪肥、豆科作物、绿肥和有机废弃物是土壤肥力的主要来源。作物轮作以及各种物理、生物和生态的措施是控制杂草和病虫害的主要手段。有机生产的全过程必须有完备的记录档案。

第二章　食品的营养成分

人们摄取食物，消化、吸收和利用食物中对身体有益物质的整个过程就是获取营养的过程。在此过程中，所有能够维持人体正常生理功能、生长发育及生命活动的有效成分称为营养素。本章将详细介绍食品中的营养成分，包括蛋白质、脂类、碳水化合物、维生素、矿物质、水和其他营养成分。

第一节　蛋白质

一、蛋白质的组成

（一）元素组成

蛋白质是一种化学结构复杂的高分子含氮有机化合物，主要是由碳、氢、氧、氮四种元素构成，部分蛋白质也含有硫、磷、铁和铜等元素。其中氮元素是蛋白质组成上的特征，碳水化合物和脂肪都不含氮，仅含有碳、氢、氧三种元素，所以蛋白质是人体氮元素的唯一来源，碳水化合物和脂肪都不能代替蛋白质。

氮在各种蛋白质中含量最稳定，平均含量为 16%，所以常以食物中氮的含量来测定蛋白质的含量。在食物中，每克氮相当于 6.25（即 100÷16）克蛋白质，只要测定出食物中的含氮量，即可折算出其中蛋白质的大致含量：

食物中蛋白质的含量（g/100 g）= 每克食物中含氮量（g）×6.25×100

实际上，各种蛋白质的折算系数不同。准确计算时，不同食物应采用不同的蛋白质换算系数。

（二）氨基酸

现已发现 300 多种天然的氨基酸，其中构成蛋白质的主要有 20 多种。氨基酸是与羧基分子相连的 α-碳原子上的氢被一个氨基所取代，同时具有氨基（-NH$_2$）和羧基（-COOH）的一类非常特殊的化合物，具有共同的基本结构，故又称 α-氨基酸。氨基酸是组成蛋白质的基本单位，也是蛋白质消化分解的最终产物。

1. 氨基酸分类

人体对蛋白质的需要实际上是对氨基酸的需要。氨基酸根据其营养学上的作用可分为必需氨基酸和非必需氨基酸两大类。必需氨基酸是指人体内不能合成或合成的速度不能满足机体的需要，必须每天由食物蛋白质供给的氨基酸。成年人的必需氨基酸有 8 种：亮氨酸、异亮氨酸、赖氨酸、蛋氨酸（甲硫氨酸）、苯丙氨酸、苏氨酸、色氨酸和缬氨酸。此外，对婴儿来说，组氨酸也是必需氨基酸。

非必需氨基酸是指在人体内能够合成，或者可以由其他氨基酸转化而成，不必由食物蛋白质供给的氨基酸，有甘氨酸、丙氨酸、谷氨酸、酪氨酸、胱氨酸、丝氨酸、半胱氨酸、脯氨酸、羟脯氨酸、门冬氨酸、精氨酸和羟谷氨酸。从营养学观点来看，上述氨基酸均是机体构造材料，而必需氨基酸则是食物蛋白质营养价值的关键成分。

人体内的酪氨酸可由苯丙氨酸转变而成，半胱氨酸可由蛋氨酸转变而成，因此，当膳食中这两种氨基酸含量丰富时，人体对蛋氨酸和苯丙氨酸的需要量可以减少 30% 和 50%。由于这种关系，有人将酪氨酸和半胱氨酸称为半必需氨基酸。在计算食物必需氨基酸组成时，通常将苯丙氨酸和酪氨酸、蛋氨酸和半胱氨酸合并计算。

在特殊生理条件下，人体不能及时合成某些非必需氨基酸，如精氨酸、脯氨酸、甘氨酸及上述的胱氨酸和酪氨酸，所以也有人称这些氨基酸为条件必需氨基酸。

2. 氨基酸模式

人体对必需氨基酸的需要量随年龄的增长而不断下降。婴儿和儿童对蛋白质和必需氨基酸的需要比成人高，主要是用以满足其生长、发育的需要。人体对必需氨基酸不仅有数量上的需要，而且还有比例上的要求。所以，为了保证人体合理营养的需要，一方面要充分满足人体对必需氨基酸所需要的数量，另一方面还必须注意各种必需氨基酸之间的比例。各种必需氨基酸之间的相互比例也可以称为氨基酸构成比例或相互比值，亦有人称为氨基酸模式。

如果膳食中蛋白质的氨基酸构成比例与机体的需要不相符合，一种必需氨基酸的数量不足，其他氨基酸也不能充分利用，蛋白质合成就不能顺利进行。一种必需氨基酸过多，也同样会对其他氨基酸的利用产生影响。所以当必需氨基酸供给不足或不平衡时，蛋白质合成减少，也会出现类似蛋白质缺乏的症状。

3. 限制性氨基酸

当食物蛋白质中某一种或几种必需氨基酸含量不足或缺乏时，能够限制其他氨基酸的利用，这些必需氨基酸就称为限制性氨基酸（LAA）。其中含量最低的是第一限制性氨基酸，且根据其缺乏程度类推。一般赖氨酸是谷类蛋白质的第一限制性氨基酸，蛋氨酸则是大豆、花生蛋白质的第一限制性氨基酸。此外，小麦、大麦、燕麦和大米还缺乏苏氨酸，玉米缺乏色氨酸，分别是其第二限制性氨基酸。所以，限制性氨基酸是某些食物蛋白质营养价值高低的关键。

二、蛋白质的分类

在营养学上，常按蛋白质的营养价值进行分类，一般分为三类。

（一）完全蛋白质

完全蛋白质是指所含的必需氨基酸种类齐全、数量充足、比例与人体蛋白质的氨基酸模式相接近的优质蛋白质。在膳食中作为唯一的蛋白质来源时，不仅可以维持生命和健康，也可以促进儿童的生长发育。如乳类中的酪蛋白、乳白蛋白，蛋类中的卵白蛋白、卵黄磷蛋白，肉类中的白蛋白、肌蛋白，大豆中的大豆蛋白，小麦中的麦谷蛋白，玉米中的谷蛋白等。

（二）半完全蛋白质

半完全蛋白质是指所含的必需氨基酸种类齐全但有一种或几种数量不足、相互间比例不平衡的蛋白质。作为唯一蛋白质来源时，只能维持生命，不能促进生长发育。如小麦、大麦中的麦胶蛋白。

（三）不完全蛋白质

不完全蛋白质是指所含的必需氨基酸种类不全的蛋白质，作为唯一蛋白质来源时，既不能维持生命，也不能促进生长发育。如动物结缔组织和肉皮中的胶原蛋白、豌豆中的豆球蛋白、玉米中的玉米胶蛋白等。

三、蛋白质的互补作用与生理功能

(一) 蛋白质的互补作用

将两种或多种不同的食物适当搭配，其各自所缺少的必需氨基酸得以相互补偿，达到较好的比例，从而提高蛋白质的总体营养价值，就称为蛋白质的互补作用或氨基酸的互补作用。这在饮食调配、原料选择及提高蛋白质的生物价等方面有重要的实际意义。为了充分发挥食物蛋白质的互补作用，在搭配食物时应遵循以下几个原则：一是食物的生物学种属越远越好，如荤素搭配，谷、豆、菜混食等；二是搭配的种类越多越好；三是食用的时间越近越好，最好同时吃。

(二) 蛋白质的生理功能

1. 构成机体组织

蛋白质占人体总重量的 16%~19%，是组成机体所有组织和细胞的主要成分。如果缺乏蛋白质，就会影响组织细胞的正常生命活动，机体也就无法进行正常的生长发育。

2. 构成体内重要物质

蛋白质可作为酶或激素参与机体代谢或机体功能活动的调节，如甲状腺激素能促进蛋白质的合成和骨的钙化，胰岛素能调节糖代谢的速度等；作为运载工具参与机体内物质的运输，如血红蛋白参与氧的运输，脂蛋白参与脂肪的运输；作为抗体或细胞因子参与免疫调节，如免疫球蛋白的免疫作用；蛋白质还可作为肌纤维蛋白参与肌肉收缩，或作为胶原蛋白构成机体支架等。

3. 参与调节和维持体内各种功能

如维持体液的胶体渗透压、酸碱平衡、水分在体内的正常分布。此外，遗传信息的传递及许多重要物质的转运都与蛋白质有关。

4. 供给能量

虽然蛋白质在体内主要的功用不是供能，但由食物提供的蛋白质在不符合人体需要，或者摄入量较大时，也将被氧化分解而释放能量。

四、蛋白质的推荐摄入量和食物来源

(一) 蛋白质的推荐摄入量

我国居民每日膳食蛋白质推荐摄入量为：1 岁以内婴儿按 1.5~3 g/kg 体

重，成人可按 1.0~1.2 g/kg 体重为标准推算。如按热能计算，蛋白质摄入量占膳食总热能的 10%~12%，儿童青少年为 12%~15%。要保证膳食中优质蛋白质比例，包括动物性蛋白质和大豆蛋白质，应占成人膳食蛋白质供给量 1/3以上，儿童所占比例应更高，以防止蛋白质营养不良。

蛋白质营养不良有两种表现形式：一种是水肿型营养不良，即热能摄入基本满足而蛋白质严重不足；另一种是干瘦型营养不良，指蛋白质和热能摄入均长期不足。蛋白质缺乏在成人和儿童中都有发生，但处于生长阶段的儿童更为敏感，造成生长发育迟缓、体重下降、淡漠、易激怒、贫血以及患干瘦病或水肿病，并因为易感染而继发疾病。

当膳食中优质蛋白质达到总摄入量的 40% 以上时，蛋白质的供应量可以减少。如果长期蛋白质摄入量过多，尤其是动物蛋白会同时摄入较多的动物脂肪和胆固醇，而且过多的动物蛋白还会造成含硫氨基酸摄入过多，加速骨骼中钙的流失，易产生骨质疏松。过多的蛋白质也会增加胃肠、肝、肾的负担，蛋白质脱氨分解产生的氮及大量水分需经肾脏排出体外，若肾功能不好，则危害更大。

（二）蛋白质的食物来源

人体蛋白质的来源主要有动物性食物，如各种肉、乳和蛋类等，植物性食物如大豆、谷类和花生等，其中动物性食物蛋白质和大豆蛋白质是人类膳食中优质蛋白质的来源。目前，我国许多地区居民膳食蛋白质主要为粮谷类蛋白质，因此，应注意蛋白质互补，进行适当搭配，提倡增加牛奶和大豆及其制品等优质蛋白质的摄入量。

第二节　脂类

一、脂类的组成

脂类是一大类疏水性生物物质的总称，包括脂肪和类脂。重要的类脂主要有磷脂、固醇和蜡质。食物中的脂类 95% 是甘油三酯，5% 是类脂。人体内贮存的脂类中，脂肪高达 99%。[1]

---

[1]　赵建春. 食品营养与安全卫生［M］. 北京：旅游教育出版社，2013：14.

（一）脂肪酸

脂肪酸是有机酸中链状羧酸的总称，可与甘油结合成脂肪。组成脂肪的脂肪酸种类很多，由不同脂肪酸组成的脂肪其功能也有所不同。

1. 根据脂肪酸饱和程度分类

（1）饱和脂肪酸（SFA）。饱和脂肪酸是直链上不含双键的脂肪酸，如软脂酸、硬脂酸、花生酸和月桂酸等。通常 4~12 碳的脂肪酸都是饱和脂肪酸。已经证明，血浆中胆固醇的含量可受食物中饱和脂肪酸与多不饱和脂肪酸的影响。饱和脂肪酸可增加肝脏合成胆固醇的速度，提高血胆固醇的浓度。摄取过多的饱和脂肪酸会增加引发冠心病的危险。

（2）单不饱和脂肪酸（MUFA）。单不饱和脂肪酸在降低血胆固醇、甘油三酯等方面与多不饱和脂肪酸相近，但不具有多不饱和脂肪酸潜在的不良作用，如促进机体脂质过氧化、促进化学致癌作用和抑制机体的免疫功能等。所以膳食中为了降低饱和脂肪酸，以单不饱和脂肪酸取代部分饱和脂肪酸有重要意义。

（3）多不饱和脂肪酸（PUFA）。多不饱和脂肪酸根据其距离脂肪中性末端（ω 端）的第一个双键位置不同，分为 n-6 和 n-3 两大系列。n-6 系列是由亚油酸衍生而来，包括 γ-亚麻酸（GLA）、二高 γ-亚麻酸（DHLA）、花生四烯酸（AA）；n-3 系列则包括 α-亚麻酸（ALA）、二十碳五烯酸（EPA）、二十二碳六烯酸（DHA）。这些多不饱和脂肪酸在人和哺乳动物组织细胞中一系列酶的催化下，可转变为前列腺素、血栓素及白三烯等重要衍生物，几乎参与所有的细胞代谢活动，具有特殊的营养功能。

多不饱和脂肪酸对人体健康虽然有很多益处，但不可忽视其易产生脂质过氧化作用，对细胞和组织可造成一定的损伤。此外，n-3 系列多不饱和脂肪酸还有抑制免疫功能的作用。因此，在考虑脂肪摄入量时，必须同时考虑饱和脂肪酸、多不饱和脂肪酸和单不饱和脂肪酸三者之间的合适比例。

2. 按脂肪酸空间结构分类

（1）顺式脂肪酸。顺式脂肪酸其联结到双键两端碳原子上的两个氢原子都在链的同侧。天然食物中的油脂，其脂肪酸的结构多为顺式脂肪酸。

（2）反式脂肪酸。反式脂肪酸其联结到双键两端碳原子上的两个氢原子都在链的不同侧。人造黄油是植物油经氢化处理后制成的，植物油的双键与氢结合变成饱和键，其形态由液态变为固态，同时其结构也由顺式变为反式。研究表明，反式脂肪酸可以使血清低密度脂蛋白胆固醇升高，而使高密度脂蛋白胆固醇降低，因此有增加心血管疾病的危险性。

（二）类脂

类脂是一种在某些理化性质上与脂肪相似的物质，主要包括磷脂、糖脂、固醇类和脂蛋白。在营养学上有特殊意义的是磷脂和固醇两类化合物。

1. 磷脂

重要的磷脂有卵磷脂和脑磷脂。卵磷脂主要存在于脑、肾、肝、心、蛋黄、大豆、花生、核桃、蘑菇等食物中；脑磷脂主要存在于脑、骨髓和血液中。磷脂是生物膜的重要组成成分，对脂肪的吸收和运转以及贮存脂肪酸，特别是不饱和脂肪酸起着重要作用。能防止脂肪肝的形成，有利于胆固醇的溶解和排泄，防止动脉粥样硬化，也是磷的重要来源。一般成人每日需补充 6~8 g 磷脂，食用 22~83 g 的磷脂可以降低血中的固醇，且无任何副作用，因此磷脂是重要的保健食品。

2. 固醇（甾醇）

固醇可分为动物固醇和植物固醇。胆固醇就是最重要的动物固醇。人体各组织中皆含有胆固醇，是脑、神经、肝、肾、皮肤和血细胞生物膜的重要组成成分，是合成类固醇激素和胆汁酸的必需物质，对人体健康非常重要。但是人体血液中胆固醇浓度太高，可能有引起心血管疾病的危险。胆固醇主要含于动物性食物，以动物内脏，尤其脑中含量丰富，蛋黄和鱼子中含量也高，再次为蛤贝类；鱼类和奶类含量较低。植物固醇可促进饱和脂肪酸和胆固醇代谢，具有降低血中胆固醇的作用。植物固醇主要存在于麦胚油、大豆油、菜籽油、燕麦油等植物油中。

二、脂类的生理功能

（一）脂肪的生理功能

1. 贮存能量

人类合理膳食的总能量有 20%~30% 是由脂肪供给。脂肪是体内的一种能量贮存形式和主要供能物质。机体摄入过多的能量时，多余的部分将以脂肪的形式贮存在体内，当机体能量消耗大于摄入量时，贮存脂肪即可随时补充机体所需的能量。脂肪是食物中能量密度最高的营养素，它在体内氧化产生的能量比碳水化合物和蛋白质高 1 倍多。脂肪在皮下可阻止体热散失，有助于御寒。在器官周围的脂肪有缓冲机械冲击的作用，可固定和保护脏器。

2. 构成生物膜

类脂特别是磷脂、糖脂和胆固醇，是所有生物膜的重要组成成分，如细胞膜、内质网膜、核膜、神经髓鞘膜等机体主要的生物膜。糖脂在脑和神经组织中含量最多。

3. 供给必需脂肪酸

脂肪为机体提供必需脂肪酸和其他具有特殊营养功能的多不饱和脂肪酸，以满足机体正常生理需要。

4. 促进脂溶性维生素吸收

膳食中的脂肪是脂溶性维生素的良好溶剂，如鱼肝油和奶油富含维生素 A、维生素 D，麦胚油富含维生素 E。这些维生素随着脂肪的吸收而同时被吸收，当脂肪缺乏或发生吸收障碍时，就会出现相应脂溶性维生素缺乏。

(二) 必需脂肪酸的生理功能

目前已经肯定的必需脂肪酸（EFA）是亚油酸，机体不能合成，但它又是人体生命活动所必需的，一定要由食物供给的脂肪酸。过去认为，亚油酸、亚麻酸和花生四烯酸都是人体的必需脂肪酸。但是亚麻酸和花生四烯酸可以由亚油酸合成。亚麻酸虽然有一定的促进生长的作用，但却不能消除亚油酸缺乏所产生的症状。必需脂肪酸在人体内具有重要的生理功能。

1. 构成线粒体和细胞膜的结构

必需脂肪酸参与磷脂的合成，以磷脂的形式存在于线粒体和细胞膜中。人体缺乏必需脂肪酸时，细胞对水的通透性增加，毛细血管的脆性、通透性增高，皮肤出现水代谢紊乱，会发生皮炎和伤口难以愈合。尤其是婴儿，缺乏亚油酸可出现湿疹或皮肤干燥、脱屑等皮肤症状，这些症状可通过含亚油酸丰富的油脂得到改善。

2. 参与胆固醇代谢

胆固醇与必需脂肪酸结合后才能在体内转运进行正常代谢。如果必需脂肪酸缺乏，胆固醇则与饱和脂肪酸结合，不能进行正常转运代谢，在体内尤其是血管中沉积。

3. 合成前列腺素的前体

前列腺素有多种多样的功能，可促进局部血管扩张、影响神经刺激的传导、作用于肾脏影响水的排泄。

4. 参与动物精子的形成

动物精子的形成也与必需脂肪酸有关，长期缺乏可出现不孕症，受精过程也会出现障碍。

5. 维护视力

从海洋鱼类油脂中分离的 EPA（二十碳五烯酸）和 DHA（二十二碳六烯

酸）对人体也具有必需脂肪酸的生理活性。DHA 可维持视网膜光感受体功能，缺乏时可引起光感细胞受损，视力减退。此外对调节注意力和认知过程也有影响。正常成年人每日最少需要供给亚油酸 6~8 g，以占总热能的 1%~2% 为宜。

三、脂肪的推荐摄入量和食物来源

（一）脂类的推荐摄入量

不同的民族和地区间由于经济发展水平和饮食习惯的不同，脂肪的实际摄入量有很大差异。我国建议每日膳食中脂肪的适宜摄入量应占总能量的比例为：成年人 20%~30%，儿童和少年可达 25%~30%。成人胆固醇的每日摄入量应不超过 300 mg。成人膳食中饱和脂肪酸占总能量的比例<10%，单不饱和脂肪酸和多不饱和脂肪酸占总能量的比例均为 10%；多不饱和脂肪酸（n-6）：（n-3）的摄入比例为（4~6）：1。

（二）脂类的食物来源

脂类的食物来源主要是烹调油，也包括食物本身所含的油脂。通常，动物脂肪含饱和脂肪酸较多，而植物油含不饱和脂肪酸多，是人体必需脂肪酸的良好来源。一般认为，植物油中如大豆油、花生油、芝麻油、玉米油、米糠油等营养价值高，动物脂肪中如奶油、蛋黄油、鱼脂、鱼肝油的营养价值较高。动物性食物以肉类含脂肪较高，禽类次之，鱼类较少。肉类中猪肉、羊肉含脂量较多，牛肉次之。

第三节　碳水化合物

一、膳食中主要的碳水化合物

碳水化合物是生物界三大基础物质之一，也是自然界最丰富的有机物。❶碳水化合物主要由碳、氢、氧三种元素组成，其中氢和氧的比例为 2∶1，与水相同，故称为碳水化合物，是提供人体热能的重要营养素。碳水化合物的分

---

❶ 彭萍. 食品营养与卫生［M］. 2 版. 武汉：武汉大学出版社，2012：14.

类根据其聚合度分为单糖、寡糖和多糖三个类。

（一）单糖

1. 葡萄糖

主要存在于各种植物性食物中，人体利用的葡萄糖主要由淀粉水解而来，此外还来自蔗糖、乳糖等的水解。葡萄糖不需经消化过程就能直接被人体小肠壁吸收，是为人体提供能量的主要原料。血液中的葡萄糖即血糖浓度保持恒定具有极其重要的生理意义。

2. 果糖

果糖是自然界中最甜的糖之一，主要存在于蜂蜜和水果中。食物中的果糖在体内吸收可转化为肝糖原，然后分解为葡萄糖。

3. 半乳糖

双糖中的乳糖分解后，一半转变为葡萄糖，一半转变为半乳糖。半乳糖在人体内可转变为肝糖原被利用，又是构成神经组织的重要成分。

（二）双糖

1. 蔗糖

是一种在植物界分布广泛的双糖，在甘蔗和甜菜中含量很高，它们是制糖工业的重要原料。日常食用的绵白糖、砂糖、红糖主要来自蔗糖。食用过多蔗糖容易引起龋齿，大量摄入蔗糖可能增加患肥胖症、糖尿病、动脉硬化、冠心病等疾病的风险。

2. 麦芽糖

是由两分子葡萄糖缩合而成，在麦芽中含量最高。人们吃米饭、馒头时，在细细咀嚼中感到甜味就是由淀粉水解的麦芽糖产生的。麦芽糖在饴糖、高粱饴、玉米糖浆中大量存在，是食品工业中重要的糖质原料。

3. 乳糖

是动物乳汁中特有的糖，甜味是蔗糖的 1/6。乳糖是婴儿主要食用的碳水化合物。乳糖较难溶于水，在消化道中吸收较慢，有利于保持肠道中合适的肠菌丛数，并能促进钙的吸收，故对婴儿有重要的营养意义。有些成人会出现乳糖不耐症。

（三）糖醇

糖醇是糖的衍生物，食品工业中常用其代替蔗糖作为甜味剂使用，在营养上也有其独特作用。

1. 山梨糖醇

是将葡萄糖氢化，使其醛基转化为醇羟基而制成的。其特点是代谢时可转化为果糖，而不转变成葡萄糖，不受胰岛素控制，食后不会使血糖迅速上升，因而适作糖尿病等患者的甜味剂。

2. 木糖醇

存在于多种水果、蔬菜中，如南瓜、香蕉等。木糖醇的甜度及氧化功能与蔗糖相似，但其代谢利用可不受胰岛素调节，因而可被糖尿病人食用。此外，木糖醇不能被口腔细菌发酵，是具有防龋或抑龋作用的甜味剂。

3. 麦芽糖醇

是由麦芽糖氢化而来。麦芽糖醇为非能源物质，不升高血糖，也不增加胆固醇和中性脂肪的含量，因此是心血管疾病、糖尿病等患者食用的理想甜味剂。

（四）寡糖

许多寡糖如低聚果糖、麦芽糊精、棉子糖、低聚异麦芽寡糖、大豆低聚寡糖等都具有营养和生理两方面的意义。功能性寡糖已被广泛应用于食品工业中。

（五）多糖

1. 淀粉

是以颗粒的形式贮存在植物种子、根茎中的多糖，是由单一的葡萄糖组成。淀粉在消化道内经过消化分解，最终变为葡萄糖供人体吸收利用。淀粉在谷类、豆类和薯类中含量丰富，是人类膳食的重要组成成分。

2. 糖原

动物淀粉是存在于动物肝脏和肌肉组织中类似植物淀粉的一类物质，又称糖原。它也由葡萄糖组成，是人体贮存碳水化合物的主要形式，它在维持人体能量平衡方面起着十分重要的作用。

3. 膳食纤维

膳食纤维是纤维素、半纤维素、果胶和木质素的总称。纤维素也是葡萄糖构成的多糖，水解比淀粉困难，遇水加热不溶，需用浓酸或稀酸在较高压力下长时间加热才能水解；半纤维素是与纤维素一起存在于植物细胞壁中的多糖的总称，大量存在于植物的木质化部分；果胶是植物细胞壁的成分之一，存在于相邻细胞壁的中胶层。在植物体内一般有原果胶、果胶和果胶酸三种形态。人体因缺少水解纤维素的酶，无法利用食物纤维。动物体内含有水解纤维素的酶，故能够利用食物纤维。

二、碳水化合物的生理功能

（一）碳水化合物为人体提供能量

碳水化合物是人类获取能量的最经济、最主要和最安全的来源之一，所有的碳水化合物在体内消化后，主要以葡萄糖的形式被吸收，并迅速氧化给机体提供能量，氧化的最终产物为二氧化碳和水。1 g 葡萄糖可以产生 16.71 kJ（4 kcal）的能量。脑组织、骨骼肌和心肌活动都需要靠碳水化合物供给能量。

（二）碳水化合物是构成机体的重要物质

碳水化合物是构成机体的重要物质，并参与细胞的多种活动。糖脂是细胞膜与神经组织的结构成分，对维持神经组织系统的机能活动有特别作用。糖蛋白是具有重要生理功能的物质（如抗体、酶和激素）的组分。核糖及脱氧核糖是核酸的重要组分。

（三）碳水化合物参与营养素的代谢

碳水化合物有利于机体的氮贮留，充足的碳水化合物摄入可以节省体内蛋白质或其他代谢物的消耗，使氮在体内的贮留增加，这种作用称为碳水化合物对蛋白质的节约作用。脂肪在体内的代谢也需要碳水化合物参与，脂肪代谢过程中，如果碳水化合物供应不足，脂肪氧化便会不完全，从而产生过量酮体。酮体是酸性物质，它在血中的浓度过高会引起酸中毒。如果碳水化合物供应充足，便不会发生这种有害的情况。

（四）碳水化合物具有解毒作用

肝脏中的糖原贮备充足时，对某些化学毒物（如四氯化碳、乙醇、砷等）和各种致病微生物产生的毒素有较强的解毒能力。

（五）碳水化合物能增加胃的充盈感，增强肠道功能

摄入含碳水化合物丰富的食物，容易增加胃的充盈感。特别是缓慢吸收和抗消化的碳水化合物，充盈感的时间会更长。

非淀粉多糖类如纤维素和果胶、抗性淀粉、功能性低聚糖等抗消化的碳水化合物，能刺激肠道蠕动，有助于正常消化和增加排便量。

— 33 —

三、碳水化合物的摄入量和食物来源

（一）碳水化合物的摄入量

除小于 2 岁的婴幼儿外，碳水化合物的适宜摄入量占总能量的 55% ~ 65%。要限制纯热能食物如糖的摄入量，提倡摄入营养素/热能密度高的食物，以保障人体热能和营养素的需要，并可改善胃肠道环境和预防龋齿。

（二）碳水化合物的食物来源

碳水化合物主要来源于植物性食物（如谷类、薯类）和根茎类食物中，以及谷类制品如面包、饼干、糕点等。糖除少部分存在于果蔬中外，绝大部分以食糖和糖果等形式直接食用，其营养密度及营养价值较低。乳中的乳糖是婴儿最重要的碳水化合物来源之一。

第四节　维生素

维生素是促进生物生长发育、调节生理功能所必需的一类低分子有机化合物的总称。近年来，有关维生素的作用有很多新发现，证明它不仅是防止多种缺乏病的必需营养素，而且具有预防多种慢性退行性疾病的保健功能。维生素种类较多，化学性质不同，生理功能各异，人体所必需的维生素有十多种，一般按其溶解性质可分为脂溶性维生素和水溶性维生素两大类。

一、脂溶性维生素

（一）维生素 A（视黄醇）与类胡萝卜素

维生素 A 只存在于动物性食品中，以两种形式出现：视黄醇为维生素 A_1，不脱氢视黄醇是维生素 A_2。植物性食品只能提供作为维生素 A 前体的胡萝卜素，其中以 β-胡萝卜素为主。

1. 生理功能

（1）维生素 A 是眼睛视网膜细胞内视紫红质的组成成分。当人由亮处进入黑暗环境中时，依靠视紫红质对弱光的敏感性能看清物体。如维生素 A 缺

乏，视网膜细胞中视紫红质含量下降，眼睛在暗光处看不清东西，这便是夜盲症。

（2）维持皮肤和黏膜等上皮组织的正常状态。维生素 A 缺乏时，上皮细胞退化，黏膜分泌减少，出现皮肤粗糙、脱屑，眼结膜干燥、发炎，从而导致各种眼疾。

（3）促进生长和骨骼发育。这可能与维生素 A 有促进蛋白质合成和骨骼细胞的分化有关。缺乏维生素 A 可引起生殖功能衰退、儿童骨骼生长不良及发育迟缓。

（4）与免疫功能密切相关。维生素 A 可增进人体对疾病的抵抗力，对预防腹泻和呼吸道感染有一定效果。缺乏维生素 A 可引起食欲降低、免疫功能低下、抵抗力降低，易感染。

类胡萝卜素具有很好的抗氧化功能。它能捕捉自由基、猝灭单线氧、提高抗氧化防卫能力，因而具有抑制超氧化物产生的作用。营养流行病学调查发现，高维生素 A 与胡萝卜素摄取者，患肺癌等上皮癌的危险性减小。

2. 稳定性

维生素 A 及其衍生物很容易氧化，在无氧条件下，视黄醇对碱比较稳定，但在酸中不稳定，可发生脱氢或双键的重新排列。紫外线能促进氧化过程的发生。油脂在酸败过程中，其所含的维生素 A 和胡萝卜素会受到严重的破坏，但食物中的磷脂、维生素 E 或其他抗氧化剂有提高维生素 A 和胡萝卜素稳定性的作用。

烹调中胡萝卜素比较稳定，并且食物的加工和热处理有助于提高植物细胞内胡萝卜素的释出，提高其吸收率。但长时间的高温，特别是在有氧和紫外线照射的条件下，维生素 A 的损失有明显的增加。在我国的炒菜方法下胡萝卜素的保存率为 70%~90%。

3. 参考摄入量与来源

计算膳食维生素 A 摄入量时，应考虑其来源，我国人民膳食中维生素 A 的主要来源为类胡萝卜素。膳食维生素 A 的供给量都是以视黄醇当量（RE）表示的。RE（µg）= 视黄醇（µg）+0.167×β-胡萝卜素（µg）+0.084×其他维生素 A 原（类胡萝卜素）（µg）

我国维生素 A 的每日推荐摄入量为：儿童 500~700 µg RE/d，14 岁以上及成年男子 800 µg RE/d，女子 700 µg RE/d，孕妇 800~900 µg RE/d，乳母 1 000 µg RE/d。我国目前膳食中维生素 A 和类胡萝卜素的摄入量仍然普遍偏低，对婴儿可适当补充鱼肝油或维生素 A 制剂。维生素 A 在动物肝脏、奶油和蛋黄中含量较多；植物性食品中，类胡萝卜素在深绿色或红黄色蔬菜、水果中含量较多。长期摄入过量维生素 A，可发生中毒，急性表现为恶心、呕吐、嗜睡；慢性表现为食欲不振、毛发脱落、头痛、耳鸣、复视等。

（二）维生素 D

维生素 D 是类固醇的衍生物，主要包括两种：维生素 D_2（又称麦角钙化醇）、维生素 D_3（又称胆钙化醇）。植物中麦角固醇在日光或紫外线照射后可以转变成维生素 D_2，人体皮下的 7-脱氢胆固醇在日光或紫外线照射下可以转变为维生素 D_3。

1. 生理功能

维生素 D 主要与钙和磷的代谢有关，它能促进钙、磷的吸收利用，维持血清钙磷浓度的稳定，对骨骼及牙齿的钙化过程起重要作用，保证正常生长发育。

2. 稳定性

维生素 D 很稳定，耐高温、不易氧化，但对光敏感，脂肪酸败可使其破坏。通常的贮藏、加工不会引起维生素 D 的损失。

3. 参考摄入量与来源

我国居民维生素 D 的每日推荐摄入量为：0~10 岁 10 μg/d、11 岁至成人 5 μg/d、50 岁以后 10 μg/d。由于日光直接照射皮肤可产生胆钙化醇，所以在户外活动较多的人不易缺乏，一般不需另外补充维生素 D。天然食物中维生素 D 的含量很少，主要存在于酵母和鱼肝油中。为此，婴幼儿食品常给予维生素 D 强化。长期摄入过多的维生素 D 也可导致中毒。

（三）维生素 E（生育酚）

维生素 E 是所有具有生育酚生物活性化合物的总称。在自然界以生育酚和三烯生育酚的形式存在，其中 α-生育酚的活性最强。

1. 生理功能

维生素 E 是一种极有效的抗氧化剂，可保护维生素 A、维生素 C，以及不饱和脂肪酸免受氧化。维生素 E 的抗氧化功能可保护细胞膜免受自由基的损害，预防过氧化脂质的产生，维持细胞的完整和正常功能，与发育、抗衰老有密切关系。与生殖功能也有关，可预防流产。维生素 E 还具有抗动脉粥样硬化与抗癌作用。维生素 E 常用作食品加工的抗氧化剂，还可以阻断亚硝胺的形成等。

2. 稳定性

维生素 E 对氧敏感，易被氧化，易受碱和紫外线破坏。维生素 E 在无氧条件下对热稳定。脂肪氧化可引起维生素 E 的损失。维生素 E 在食品加工时可由于机械作用而受到损失或因氧化作用而损失。脱水食品中的维生素 E 特别容易氧化。

3. 参考摄入量与来源

我国维生素 E 的每日适宜摄入量为：儿童 3 ~ 10 活性维生素 E（mga-TE），青少年、成人 14 mga-TE。摄入多不饱和脂肪酸多的人，需增加维生素 E。我国膳食结构以植物性食物为主，维生素 E 的摄入量普遍较高，一般不易缺乏。维生素 E 广泛存在于食物中，植物油、种子、坚果类、蛋黄和绿色蔬菜中含量丰富，肉、鱼、禽、乳中也都含维生素 E。

（四）维生素 K

1. 生理功能

维生素 K 在医学上作为止血药用，所以也称为"止血维生素"[1]。它不仅是凝血酶原的主要成分，而且还能促使肝脏凝血酶的合成。如果缺乏，将导致血液中的凝血酶原降低、出血凝固时间长，还会出现皮下肌肉及胃肠道出血现象。

2. 稳定性

维生素 K 是一种黄色结晶物质，耐热，在湿氧环境中稳定，但易被光、碱破坏。

3. 参考摄入量与来源

维生素 K 的摄入量，我国尚无规定，一般认为成人每人每日摄入量为20~100 μg，婴儿不得少于 10 μg。维生素 K 主要存在于深绿色蔬菜和肝脏中，肠道微生物也可以合成，一般不易缺乏。

二、水溶性维生素

（一）维生素 B_1

1. 生理功能

维生素 B_1 是糖代谢中辅羧酶的重要成分，主要功能是维持碳水化合物的正常代谢。维生素 B_1 是作为碳水化合物氧化过程中的一种辅酶起作用的。如果膳食中维生素 B_1 摄入不足，碳水化合物代谢就会发生障碍。碳水化合物代谢障碍首先影响神经系统，因为神经系统所需要的能量主要来自碳水化合物。

---

[1] 赵建春. 食品营养与安全卫生［M］. 北京：旅游教育出版社，2013：24.

同时，碳水化合物代谢不完全的产物如 α - 酮酸在血液中蓄积还会导致酸碱平衡紊乱。维生素 B_1 摄入不足时，轻者表现为肌肉乏力、精神淡漠和食欲减退，重者会发生典型的脚气病，严重病人可引起心脏功能失调、心率衰竭和精神失常。

2. 稳定性

在酸性溶液中比较稳定，加热不易分解，即使在酸性溶液中加热至 120 ℃、0.5 h 也稳定。在碱性溶液中极不稳定。紫外线可使硫胺素降解而失去活性。铜离子可加快它的破坏。维生素 B_1 在干燥情况下很稳定，不会被空气氧化。

3. 参考摄入量与来源

我国维生素 B_1 的每日推荐摄入量为：1~14 岁 0.6~1.5 mg/d，成人男性 1.4 mg/d、女性 1.3 mg/d，孕妇 1.5 mg/d，乳母 1.8 mg/d。维生素 B_1 多存在于种子外皮及胚芽中，米糠、麦麸、黄豆、酵母和瘦肉中含量最丰富，极易被人体小肠吸收。蔬菜较水果中含量多，粮食是维生素 B_1 的主要来源。

（二）维生素 B_2

维生素 B_2 在自然界中主要以磷酸酯的形式存在于黄素单核苷酸（FMN）和黄素腺嘌呤二核苷酸（FAD）两种辅酶中。

1. 生理功能

参与体内生物氧化与能量生成。维生素 B_2 在体内以两种辅基形式即黄素腺嘌呤二核苷酸、黄素单核苷酸与特定蛋白质结合，形成黄素蛋白参与体内氧化还原反应与能量生成；参与色氨酸转变为烟酸、维生素 B_2 转变为磷酸吡哆醛的过程；参与体内的抗氧化防御系统，提高机体对环境应激适应能力。

缺乏核黄素后，可导致物质代谢紊乱，表现为唇炎、口角炎、舌炎、阴囊皮炎、脂溢性皮炎等症状。维生素 B_2 缺乏会影响维生素 B_6 和烟酸代谢。核黄素缺乏还影响铁的吸收，易出现继发缺铁性贫血。

2. 稳定性

维生素 B_2 较耐热，不易受大气中氧的影响。在碱中易受热分解，酸性条件下稳定，光照射易被破坏。当在酸性和中性溶液中，光照射产生的光黄素是一种很强的氧化剂，可催化破坏抗坏血酸等维生素。

3. 参考摄入量与来源

我国居民维生素 B_2 的每日膳食推荐摄入量为：1~14 岁 0.6~1.5 mg/d，成人男性 1.4 mg/d、女性 1.2 mg/d，孕妇、乳母 1.7 mg/d。维生素 B_2 在动物性食品中含量较高，特别是内脏、奶类和蛋类含量较多，植物性食品中以豆类和绿叶蔬菜含量较多，谷类和一般蔬菜含量较少。我国居民膳食以植物性食物为主。核黄素摄入不足是存在的重要营养问题。

（三）维生素 B_6

维生素 B_6 有吡哆醇、吡哆醛、吡哆胺三种形式，它们以磷酸盐的形式广泛分布于动、植物体内。

1. 生理功能

维生素 B_6 是机体中很多酶系统的辅酶，参与氨基酸的脱羧作用、转氨基作用、色氨酸的合成、含硫氨基酸的代谢、氨基酮戊酸形成和不饱和脂肪酸代谢。它还帮助糖原由肝脏或肌肉中释放能量，参与烟酸的形成、氨基酸的运输等。缺乏维生素 B_6，人体会出现贫血、脑功能紊乱、皮炎、婴儿生长缓慢等症状。

2. 稳定性

维生素 B_6 为白色晶状体，略带苦味，易溶于水，耐热，对光敏感，碱性环境中易被破坏。

3. 参考摄入量与来源

我国居民膳食中维生素 B_6 每日适宜摄入量为：1~14 岁 0.5~1.1 mg/d，成人 1.2 mg/d，50 岁后 1.5 mg/d，孕妇、乳母 1.9 mg/d。维生素 B_6 的食物来源很广泛，动植物中均含有，但一般含量不高。其中含量较多的食物有蛋黄、肉、鱼、肝、肾、全谷、豆类、蔬菜。人体肠道内也可合成少量维生素 B_6，一般认为人体不易缺乏维生素 B_6。

（四）维生素 B_{12}（钴胺素）

1. 生理功能

维生素 B_{12} 以辅酶形式参与体内一碳单位的代谢，可以通过增加叶酸的利用率来影响核酸和蛋白质的合成，从而促进红细胞的发育和成熟。维生素 B_{12} 还参与胆碱的合成，缺少胆碱会影响脂肪代谢而产生脂肪肝。人体缺乏维生素 B_{12} 时可引起巨红细胞性贫血（恶性贫血）以及神经系统损伤。

2. 稳定性

维生素 B_{12} 结构复杂，是人体中唯一含有金属元素的维生素。维生素 B_{12} 为粉色针状晶体，易溶于水，在中性和弱碱性条件下稳定，在强酸强碱环境下易分解，在阳光照射下易被破坏。

3. 参考摄入量与来源

我国居民维生素 B_{12} 的每日适宜摄入量为：成人 2.4 μg/d，孕妇 2.6 μg/d，乳母 2.8 μg/d。膳食中的维生素 B_{12} 来源于动物食品，主要食物来源为肉类、动物内脏、鱼、禽、贝壳类及蛋类，乳及乳制品中含有少量。植物性食品中基本不含维生素 B_{12}，口服维生素 B_{12} 人体不能吸收，需要药物注射。

（五）维生素 PP

维生素 PP 又名烟酸，即抗癞皮病维生素，是吡啶衍生物，有烟酸和烟酰胺两种物质。烟酰胺是烟酸在体内的重要存在形式。

1. 生理功能

在体内以辅酶 I 和辅酶 II 形式作为脱氢酶的辅酶，参与呼吸链组成，在生物氧化还原反应中起电子载体或递氢体作用；参与蛋白质核糖基化过程，与 DNA 复制、修复和细胞分化有关；作为葡萄糖耐受因子的组分，促进胰岛素反应；大剂量服用具有降低血胆固醇、甘油三酯及 β-脂蛋白浓度和扩张血管的作用。烟酸缺乏会引起癞皮病，典型症状为皮炎、腹泻及痴呆，又称 3D 症状。

2. 稳定性

维生素 PP 为一种白色针状结晶，易溶于水，不易被酸、碱、热及光所破坏，是维生素中性质最稳定的一种，食物经烹煮后也能保存。维生素 PP 在肠道内吸收，很少贮存。

3. 参考摄入量与来源

中国居民每日烟酸推荐摄入量为：成人男性 14 mg NE/d、女性 13 mg NE/d，孕妇 15 mg NE/d。烟酸广泛存在于动物和植物性食物中，内脏（如肝脏）含量很高，蔬菜也含有较多的烟酸，谷类中含量也很多，但与核黄素一样受加工程度的影响。此外，由于结合型对吸收的影响，一些谷类中所含烟酸的营养价值受到限制。

（六）叶酸

叶酸由蝶酸和谷氨酸结合而成，故又称蝶酰谷氨酸。食物中的叶酸大部分是多谷氨酸型叶酸。

1. 生理功能

作为体内生化反应中一碳单位转移酶系的辅酶，起着一碳单位传递体的作用。参与嘌呤和胸腺嘧啶的合成，进一步合成 DNA、RNA。参与氨基酸代谢，参与血红蛋白及甲基化合物如肾上腺素、胆碱、肌酸等的合成。叶酸与许多重要的生化过程密切相关，直接影响核酸的合成及氨基酸代谢，对细胞分裂、增殖和组织生长具有极其重要的作用。人体缺乏叶酸时可引起巨红细胞性贫血、舌炎和腹泻，造成新生儿生长不良。

2. 稳定性

叶酸在有氧时可被酸、碱水解，可被日光分解。叶酸在无氧条件下对碱稳定。叶酸在食物贮存和烹调中一般损失 50%~70%，在加工和贮藏中的失活过程主要是氧化，抗坏血酸可保护叶酸。

3. 参考摄入量与来源

我国建议叶酸每日推荐摄入量为：成人 400 μg DFE/d，孕妇 600 μg DFE/d，乳母 500 μg DFE/d。叶酸广泛存在于各种动植物食品中。富含叶酸的食物为动物肝肾、鸡蛋、豆类、酵母、坚果类、绿叶蔬菜及水果等。

（七）维生素 C（抗坏血酸）

1. 生理功能

维生素 C 参与组织胶原的形成，保持细胞间质的完整，维护结缔组织、骨、牙、毛细血管的正常结构与功能，促进创伤与骨折愈合。缺乏维生素 C 则会造成坏血病，出现牙齿松动、骨骼变脆、毛细血管及皮下出血。

维生素 C 参与体内氧化还原反应，促进生物氧化过程。缺乏维生素 C 会降低人体谷胱甘肽的浓度，损害人体抗氧化系统。维生素 C 能促进机体对铁的吸收和叶酸的利用，如缺乏会引起造血机能障碍。维生素 C 是抗氧化剂，具有降低血清胆固醇、参与肝脏解毒、阻断亚硝胺形成、增强机体应激能力的作用，可促进抗体生成和白细胞的吞噬能力，增强机体免疫功能。

2. 稳定性

维生素 C 是一种高度溶解性的化合物，呈酸性，具有强还原性。它可很容易地以各种形式进行分解，是最不稳定的一种维生素。在加工中很容易从食品的切面或擦伤面流失，如在果蔬烫漂、沥滤时损失。维生素 C 最大的损失还是因化学降解而引起的。冷冻或冷藏、热加工均可造成维生素 C 的损失。果蔬用二氧化硫（SO_2）处理可减少加工和贮藏过程中维生素 C 的损失。维生素 C 在一般烹调中损失较大，在酸性溶液中较稳定。

3. 参考摄入量与来源

我国建议维生素 C 的每日推荐摄入量为：儿童 60~90 mg/d，青少年、成人 100 mg/d，孕妇、乳母 130 mg/d。维生素 C 主要来源于新鲜水果、蔬菜中，水果中以红枣、山楂、柑橘类含量较高，蔬菜中以绿色蔬菜如辣椒、菠菜等含量丰富。野生果蔬如苜蓿、苋菜、沙棘、猕猴桃和酸枣等维生素 C 含量尤为丰富。由于维生素 C 易受贮存和烹调加工的影响，所以果蔬要尽可能保持新鲜和生食。

第五节　矿物质

矿物质是指维持人体正常生理功能所必需的无机化学元素，如钙、磷、钠、氯、镁、钾、硫、铁、锌等，即除碳、氢、氧、氮以有机物形式存在以外的元素，又称无机盐，占人体体重的4%~5%（碳、氢、氧、氮约占人体体重的96%）。矿物质与有机营养素不同，它们既不能在人体内合成，除排泄外也不能在机体代谢过程中消失，但在人的生命活动中具有重要的作用。

一、矿物质的分类

人体几乎含有自然界的所有元素，但它们的含量差别很大。在从人体中已检出的81种元素中，按它们在体内的含量和膳食中的需要不同，可分为常量元素和微量元素两大类。

（一）常量元素

常量元素又称宏量元素，指每日膳食需要量在100 mg以上的元素。除碳、氢、氧、氮外，还包括硫、磷、钙、钠、钾、氯和镁7种元素。其中前6种是蛋白质、脂肪、碳水化合物与核酸的主要成分，称基本结构元素；后5种则是体液的必需成分，称常量矿物质元素。一般把钙、磷、硫、钾、钠、氯和镁称为必需常量矿物质元素。

（二）微量元素

微量元素又称痕量元素，在人体中某些化学元素存在数量极少，甚至仅有痕量，但有一定生理功能，且必须通过食物摄入，称为必需微量元素。按其生物学作用可分为三类：

（1）人体必需微量元素，共8种，包括碘、锌、硒、铜、钼、铬、钴和铁。

（2）人体可能必需的元素，共5种，包括锰、硅、硼、矾和镍。

（3）具有潜在的毒性，但在低剂量时可能具有人体必需元素功能的元素，包括氟、铅、镉、汞、砷、铝和锡，共7种。

二、矿物质的生理功能

（一）必需常量元素的生理功能

第一，构成人体组织的重要成分，如骨骼和牙齿等硬组织大部分是由钙、磷和镁组成，而软组织含钾较多。

第二，在细胞内外液中与蛋白质一起调节细胞膜的通透性，控制水分，维持正常的渗透压和酸碱平衡（磷、氯为酸性元素，钠、钾、镁为碱性元素），维持神经肌肉兴奋性。

第三，构成酶的成分或激活酶的活性，参加物质代谢。

（二）必需微量元素的生理功能

第一，作为酶和维生素必需的活性因子。许多金属酶均含有微量元素，如碳酸酐酶含有锌、呼吸酶含铁和铜、精氨酸含有锰、谷胱甘肽过氧化酶含有硒等。

第二，构成某些激素或参与激素的作用。如甲状腺素含碘，胰岛素含锌，铬是葡萄糖耐量因子的重要组成成分，铜参与肾上腺类固醇的生成等。

第三，参与核酸代谢。核酸是遗传信息的携带者，含有多种适量的微量元素，并需要铬、锰、钴、铜、锌等维持核酸的正常功能。

第四，协助常量元素和宏量营养素发挥作用。常量元素要借助微量元素起化学反应。如含铁血红蛋白可携带并输送氧到各个组织，不同微量元素参与蛋白质、脂肪、碳水化合物的代谢。

三、矿物质的生物有效性与安全性

（一）矿物质的生物有效性

矿物质的生物有效性是指食品中矿物质实际被机体吸收、利用的程度。食品中矿物质的总含量不足以准确评价该食品中矿物质的营养价值，因为这些矿物元素被人体吸收利用率还决定于矿物质的总量、元素的化学形式、颗粒大小、食物分解成分、pH 值、食品加工方法及人体的机能状态等因素的影响。

（二）矿物质的安全性

当每种微量元素过量摄入时，可产生有害作用，在低于此量的一定范围内，对机体正常生命活动无影响，这可能是机体的一种耐受表现，但也可能是该元素维持着体内某种重要生理功能的表现，因此这段剂量范围称"安全和适宜摄入范围"。如果剂量低于此范围，总会出现一定生理功能的不良反应，则表明该元素为机体所必需，此时出现的是缺乏效应。

微量元素的有害作用即毒性，是指它们在体内过量时，引起机体发生各种功能障碍的能力，可表现为急性中毒、慢性中毒、致癌和致畸作用。所以必需微量元素应有一定的推荐摄入量（RNI）或适宜摄入量（AI），也应有可耐受最高摄入量（UL）。

第六节　水和其他营养成分

一、水

（一）水的生理功能

水是人体需要量最大、最重要的营养素。只要有足够的饮水，人不吃食物仍可生存数周。但若没有水，数日便会死亡。水是人体最主要的成分，按质量计算，水约占成年男性体重的60%，占成年女性体重的50%~55%。年龄越小，体内含水比率越高。人体各种组织都含有不同数量的水，如血液内为83%、骨骼内为22%、脂肪组织内为10%。水在体内功能很多，可以说一切生理功能都离不开水的参与，其主要功能可归纳为以下几个方面：

（1）人体构造的主要成分，是保持细胞外形及构成体液所必需的物质。

（2）作为各种营养物质及其代谢产物的载体和溶剂参加代谢反应。

（3）直接参与物质代谢，促进各种生理活动和生化反应。

（4）调节体温。因水的比热容大，可通过蒸发或出汗调节体温、保持稳定。

（5）润滑组织。如水可滋润皮肤、润滑关节等。

（二）水的需要量与来源

在正常情况下，人体排出的水和摄入的水是平衡的，体内不贮存多余的水分，但也不能缺水。机体失水过多时会影响其生理机能。影响人体需水量的因素很多，如体重、年龄、气温、劳动及其持续时间都会使人体对水的需要量产生很大差异。正常人每日每千克体重需水量约为 40 mL，即 60 kg 体重的成人每天需水 2 500 mL，婴儿的需水量为成人的 3~4 倍。一般来说，成人每消耗 4.18 kJ能量约需水 1 mL、婴儿则为 1.5 mL。夏季天热或高温作业、剧烈运动都会大量出汗，此时需水量较大。当人体口渴时即需补充水分。

人体水分的来源有三方面：

（1）饮水。饮水量因气温、劳动、生活习惯不同而异，成人每日饮水、汤、乳或其他饮料约 1 200 mL。

（2）食物中含有的水。各种食物的含水量亦不相同，成人一般每日从食物中摄取约 1 000 mL 的水。

（3）内生水。即来自体内碳水化合物、脂肪、蛋白质代谢时氧化产生的水。来自代谢过程的水约为 300 mL/d。

（三）饮水的选择

随着生活水平的提高，人们对饮水的重视程度日益提高，合理地选择饮水及饮料，将有利于保障人体健康。我国居民生活中经常饮用的饮水有白开水、符合卫生要求的自来水、桶装水、茶水、各种饮料、咖啡等。饮水的选择与人们的生活水平和生活习惯密切相关，事实上最卫生、方便、经济、实惠的饮水就是白开水。对儿童来说，大量饮用碳酸饮料或果汁饮料将影响其健康成长。因此，为了健康，孩子们的饮水要首选白开水。

二、膳食纤维

膳食纤维又称食物纤维，是植物性食物中含有的不能被人体消化酶分解利用的多糖类碳水化合物。膳食纤维包括纤维素、半纤维素、木质素和果胶等物质，是植物细胞壁间质组成成分。近年来又将一些非细胞壁的化合物，如一些不被人体消化酶所分解的物质如抗性淀粉、抗性低聚糖、美拉德反应的产物、甲壳素等也列入膳食纤维的组成之中。膳食纤维虽没有营养功能，但却为人体健康所必需，被营养学家称为"第七营养素"，是平衡膳食结构的必需营养素之一。

（一）膳食纤维的生理功能

膳食纤维在人体内不但能刺激肠道蠕动、减少慢性便秘，而且对心血管疾病、糖尿病、结肠癌等有一定预防作用。

膳食纤维可缩短食物在胃内的排空时间，促进消化液的分泌，有利于营养物质的消化吸收；可缩短肠内容物通过肠道的时间，降低结肠压力，减少有害物质与肠壁接触的时间；能增强结肠的渗透作用，稀释胃肠内容物中有害物质的浓度。

由于膳食纤维是胶态，因此可延缓或阻碍食物中脂肪和葡萄糖的吸收，降低血脂和血糖水平，改善耐糖量，减少糖尿病患者对胰岛素的依赖作用。它可降低血液中胆固醇的浓度，促进胆固醇在肝脏代谢分解后与胆盐结合排出体外，对预防心血管疾病有一定作用。

膳食纤维可改善肠内细菌丛，发挥免疫作用，产生能起免疫作用的各种非消化性微生物多糖。谷物纤维素能与致癌物质结合，排出体外，从而减少随饮食进入肠内的霉菌毒素、亚硝胺、苯并芘等的吸收。

膳食纤维还可增加胃内容物容积而有饱腹感，从而减少人们摄入的食物量和能量，有利于控制体重而起到减肥的作用。但必须指出，膳食纤维也不宜摄入过多，因为过多的膳食纤维会妨碍蛋白质、钙、磷、铁、锌和一些维生素的吸收与利用。

(二) 膳食纤维的适宜摄入量和食物来源

我国总膳食纤维的每日适宜摄入量：中等能量膳食 10 MJ（2 400 kcal）的成年人 30 g/d。富含膳食纤维的食物有粗粮、杂粮、豆类、蔬菜、水果等，此外还有多种高膳食纤维功能性食品。一般来说，谷物加工越精细，膳食纤维含量越低。

三、植物源食物中其他非营养素成分

谷物（全谷）、蔬菜、水果、豆类、坚果等食物中，除含必需营养成分外，还含一些生物活性物质，它们起到防治心血管疾病和癌症等主要疾病的作用，泛称植物化学物质。下面简述几种具有生物活性的植物化学物质。

(一) 有机硫化合物

有机硫化合物主要有异硫氰酸盐、二硫醇硫酮，属蔬菜中的有机硫化物等，具有抗癌、降血脂、降血胆固醇、抗血栓形成、抑制血小板聚集、提高免疫力等功效。主要食物来源有十字花科的蔬菜，如甘蓝、花椰菜、芥菜叶以及芥子油、水芹等；百合目石蒜科葱属植物种，如大蒜、洋葱、小葱、冬葱。

(二) 酚和多酚化合物

可食植物中的酚类化合物一般有酚酸、类黄酮、木酚素、芪类、香豆素与单宁。具有抗氧化、阻断致癌物到达细胞、压抑细胞内的恶性变、干扰激素结

合于细胞、络合金属、诱导改变致癌性的酶、促进免疫应答或这些作用的联合作用。含量较多的有绿茶、黄豆、谷物谷粒，以及十字花科、伞形科、茄科、葫芦科的植物、柑橘类水果、干草根与亚麻子等。

（三）核苷酸

核苷酸是核酸的组成成分之一，机体能合成足够数量的核苷酸。胃肠道的发育与成熟，造血组织内血细胞增生必须有核苷酸。核苷酸在肠道内可增强双歧杆菌的生长。核苷酸具有补充核酸、修复基因的作用，对神经衰弱、脑和心血管疾病、糖尿病、高脂血症、疲劳综合征、免疫功能低下等多种疾病均有良好的治疗和预防作用。

第三章　食品的营养价值

现在的生活节奏比较快，人们即使想要摄取足够的营养，也没有那么多的时间。而且因为地域的不同、饮食习惯的不同，有些营养不容易摄取。如果营养摄入不足的话，人的健康就会出问题。所以，我们必须要强调食品营养的综合性。本章揭示了不同类的食品所具有的不同的营养价值。

第一节　植物性食品的营养价值

一、谷类的营养价值

谷类主要包括小麦、稻米和一些杂粮，如玉米、高粱、小米、燕麦、荞麦、莜麦、青稞等。谷类是人类热能的最主要来源之一，我国国民 60%~70%的热能，50%~70%的蛋白质由谷类供给。此外，谷类中所含的一些 B 族维生素和无机盐，在膳食中也占有相当比例。

（一）谷粒的结构及营养分布

谷类为禾本科植物的种子，不同种类谷粒的基本结构大致相同（荞麦除外），从外到内都是由谷皮（麸或糠）、糊粉层、胚乳、胚芽四部分组成。

谷粒的表面是一层主要由纤维素构成的坚硬谷皮，去除谷皮后的谷粒称为全麦或糙米，其表面有数层薄薄的皮层。皮层以内是一层厚壁大型多角细胞的糊粉层，再里面是谷粒的主体部分，称为胚乳。谷粒的一侧还有胚芽，是种子发芽的部位。

1. 谷皮

谷粒外的被覆物称为谷皮，从种子中脱除后称为糠或麸，占谷粒的 13%~15%。谷皮由多层角质化细胞构成，主要成分为纤维素、半纤维素、木质素等，还含有较多的无机盐和 B 族维生素。

2. 糊粉层

糊粉层占谷粒的 6%～7%，除膳食纤维外，糊粉层中蛋白质、B 族维生素、无机盐的含量也很丰富。在谷粒碾磨时，与谷皮接近的部分易脱落进入糠麸。

3. 胚乳

胚乳是谷粒的主体，约占全粒的 80%，主要由淀粉细胞构成，含有丰富的淀粉，还含有一定数量的蛋白质、脂肪、无机盐、维生素和少量纤维素。

4. 胚芽

胚芽占谷粒的 2%～3%，富含脂肪、蛋白质、生育酚、B 族维生素。在谷粒碾磨时，易随谷皮被去除而进入糠麸。

(二) 谷类的营养价值分析

1. 碳水化合物

谷类的碳水化合物主要是淀粉和纤维素。淀粉含量在 70% 左右，精加工后含量可达 90% 左右。淀粉主要存在于胚乳中，少量存在于糊粉层中，其他部位一般不含淀粉。禾谷类的淀粉包括直链淀粉和支链淀粉两种。这两种淀粉的比例与谷物品种及成熟度有关。谷类淀粉容易为人体消化吸收，是人类最理想、最经济的热能来源之一。

谷类碳水化合物中，除淀粉外，还含有约 10% 的膳食纤维、糊精、麦芽糖、戊聚糖、葡萄糖、果糖等。

2. 蛋白质

谷类蛋白质含量一般为 7%～10%，其中燕麦含量最高，约为 15.6%，其次为青稞约 13.4%，小麦约 10%，稻米、玉米约 8%。谷类蛋白质主要是醇溶蛋白、谷蛋白、球蛋白、白蛋白四种，前两者含量最高。小麦中的醇溶蛋白和谷蛋白形成了面筋。稻米中的谷蛋白和玉米中的醇溶蛋白含量较高。这两种蛋白质含有丰富的谷氨酸，脯氨酸和亮氨酸含量也很高。

谷类蛋白质的生物价虽然不高，但作为主食，由于每日食用量较大，供给人体的蛋白质是十分可观的。

谷粒胚芽中的蛋白质主要是球蛋白，还含有少量的清蛋白。

3. 脂类

谷类脂肪含量只有 1%～2%。主要分布在胚芽和糊粉层，其中胚芽中含量最高，目前可用谷类胚芽（脱粒后在糠麸中）作为提取植物油的原料，如生产米糠油和小麦胚芽油。谷类脂肪以甘油三酯为主，其不饱和脂肪酸含量在

80%以上，其中亚油酸占 60%。此外，谷类脂肪还含有少量的谷固醇和卵磷脂。

4. 无机盐

谷类的无机盐与膳食纤维的分布平行，越靠近谷皮含量也越高，若谷类脱粒加工过程中糊粉层去除较多则会造成无机盐的损失。谷类无机盐含量在 1.5%~3%，主要是钙、磷、铁、锌、铜等，其中磷的含量最高，占到无机盐总量的一半以上。由于谷类中的植酸等有机酸，阻碍了无机盐在人体小肠中的吸收，所以谷类无机盐的利用率较低，面团发酵过程分解了部分有机酸，可使无机盐的消化率有所提高。

5. 维生素

谷类主要为人体提供 B 族维生素，如维生素 B_1、维生素 B_2、烟酸、泛酸等；胚芽中含有较为丰富的生育酚，因此，米糠油和胚芽油中生育酚含量较高；深色谷类如玉米、小米中还含有一定数量的胡萝卜素。谷类中维生素 A、维生素 C 和胆钙化醇等维生素含量极低或没有。谷类中的维生素在谷皮、胚芽和糊粉层中分布较高，加工程度越高，维生素的损失量越大。

(三) 谷类加工对营养价值的影响

谷类的加工主要是通过碾磨去除谷皮和杂质，以提高谷粒的食用价值。由于谷粒中营养素的分布不均衡，因此，不同的加工精度和加工方法使谷粒的营养价值发生较大的变化。加工精度过高将使糊粉层大部分甚至全部进入糠麸中，从而导致蛋白质、脂肪、B 族维生素、钙、铁等都有不同程度的损失。反之，如果粮食的加工精度低，一味提高出粉率，虽然保存了更多的营养素，但粮食中主要存在于糊粉层中的粗纤维、色素、有机酸物质（如植酸）的含量上升，则粮食的感观性状较差、消化吸收率降低。合理的加工精度，对粮食的营养价值和食用价值影响很大。因此，应采取改善粮谷类的加工工艺，营养强化，提倡粗细粮混食等措施，克服粮谷加工带来的营养缺陷。

二、薯类的营养价值

薯类包括马铃薯、甘薯、木薯等，是中国人日常膳食的重要组成部分。传统观念认为，薯类主要提供碳水化合物，通常把它们与主食相提并论。但是现在发现薯类除了提供丰富的碳水化合物外，还有较多的膳食纤维、矿物质和维生素，兼有谷物和蔬菜的双重作用。近年来，薯类的营养价值和药用价值逐渐被人们所重视。

（一）马铃薯

马铃薯又叫土豆、山药蛋、洋芋、荷兰薯等，属块茎类作物，既可作为蔬菜，也可作为主食，营养丰富，素有"第二面包""第三主食"的美誉。目前在我国，马铃薯的种植面积和总产量虽然都居世界首位，但利用率并不高，具有较大的开发利用前景。

1. 马铃薯的营养价值

马铃薯块茎中的水分占63%～87%，其余大部分为淀粉和蛋白质。马铃薯中的淀粉占8%～29%，由直链淀粉和支链淀粉组成，支链淀粉占80%左右。除了淀粉外，马铃薯还含有葡萄糖、果糖、蔗糖等碳水化合物，故其具有甜味，经过贮藏后糖分会增加。马铃薯中蛋白质含量为0.8%～4.6%。含有人体必需的8种氨基酸，尤其是谷类作物中缺乏的赖氨酸和色氨酸含量丰富，是植物性蛋白质良好的补充。马铃薯脂肪含量低于1%。

马铃薯含有丰富的维生素，尤其是维生素C和维生素A含量每百克分别可达25 mg和40 μg视黄醇当量，可与蔬菜媲美，是天然抗氧化剂的来源。此外，维生素B_1、维生素B_2、维生素B_6含量也很丰富。马铃薯块茎中的矿物质含量为0.4%～1.9%，以钾含量最高，占2/3以上。其他无机元素如磷、钙、镁、钠、铁等的含量也较高，在人体内代谢后呈碱性，对平衡食物的酸碱度有重要作用。

2. 马铃薯的药用保健价值及其合理利用

马铃薯富含淀粉和蛋白质，脂肪含量低，其含有的维生素和矿物质有很好的防治心血管疾病的功效。如马铃薯含有丰富的钾，对于高血压和卒中有很好的防治作用，含有的维生素B_6可防止动脉粥样硬化。马铃薯块茎中含有的多酚类化合物如芥子酸、香豆酸、花青素、黄酮等，具有抗氧化、抗肿瘤和降血糖、降血脂等保健作用。

马铃薯有着丰富的营养价值和保健作用，但是马铃薯本身也含有一些毒素，食用不当会造成食物中毒。龙葵素是马铃薯中的一类毒素，主要存在于发芽马铃薯的芽中，可导致溶血和神经症状。

（二）甘薯

甘薯又名红薯、红苕、红芋、白薯、番薯、甜薯和地瓜等，是我国人民喜爱的粮、菜兼用的大众食品，有极高的营养和保健价值。

1. 甘薯的营养价值

甘薯块根中的水分占60%～80%，淀粉占10%～30%，可用于加工各种淀粉类产品。甘薯中膳食纤维的含量较高，可促进胃肠蠕动，预防便秘，并有很好的降胆固醇和预防心血管疾病的作用。甘薯中蛋白质含量为2%左右，赖氨酸含量丰富，甘薯与米面混吃正好可发挥蛋白质的互补作用，提高营养价值。

甘薯中含有丰富的维生素，尤其是维生素A和维生素C的含量每百克分别可高达125 μg视黄醇当量和30 mg，这些抗氧化营养素的存在是甘薯具有抗癌功效的重要原因。此外，甘薯中还含有较多的维生素B_1、维生素B_2和烟酸，矿物质中钙、磷、铁等元素含量较多。

2. 甘薯的药用保健价值及其合理利用

从现代营养学的观点看，甘薯对癌症和心血管疾病这两大危害人类健康的疾病均有较好的防治作用。

甘薯含有的能量较低而饱腹感强，微量营养素含量丰富，所以还是一种理想的减肥食品。甘薯不宜一次大量食用，尤其是不宜生吃。因为甘薯含有较多的糖，会刺激胃酸的分泌，胃收缩后胃液反流至食管有烧心感。吃烤甘薯则可减轻这种症状。将甘薯洗净切成小块，与粳米同煮甘薯粥，对老年人更为适宜。

三、豆类的营养价值

豆类包括大豆和其他豆类。其中，大豆包括黄豆、黑豆、青豆等，其他豆类包括豌豆、蚕豆、绿豆、红豆、小豆、芸豆等。大豆是植物性食品中蛋白质、脂肪含量最高的。大豆含有35%～40%的蛋白质、15%～20%的脂肪和25%～30%的碳水化合物。大豆是解决世界人口蛋白质营养问题最可靠的蛋白质资源之一。

（一）大豆的营养价值

1. 蛋白质

大豆蛋白质是来自植物的优质蛋白质，以球蛋白为主，是比较理想的唯一能代替动物蛋白质的植物蛋白质。大豆蛋白的氨基酸配比比较平衡，蛋白质的消化率和氮的代谢平衡几乎与牛肉相同。大豆蛋白中含有多种必需氨基酸，赖氨酸含量高，蛋氨酸含量较低，是谷类蛋白质理想的氨基酸互补食品。

2. 脂肪

豆类脂肪含量最高的是大豆，因而作为食用油脂原料。大豆中含脂肪15%～20%，不饱和脂肪酸高达85%，其中亚油酸占50%以上，大豆油脂中还含有约1.64%的以核黄素为主要成分的磷脂。大豆脂肪还具有较强的天然抗氧化能力，营养价值很高。大豆脂肪不含胆固醇，能降低血清中的胆固醇。

3. 碳水化合物

大豆中的碳水化合物有纤维素、半纤维素、果胶、甘露聚糖等，以及蔗糖、水苏糖、棉子糖等。其中约有一半是不能被人体消化吸收的棉子糖和水苏糖。棉子糖和水苏糖等低聚糖能够被肠道内微生物利用，产酸产气，引起人体胀气反应，故称为胀气因子，是曾经被视为对人体健康有害的物质。随着科学研究不断深入，近年来发现大豆低聚糖仅能被肠道益生菌所利用，具有维持肠道微生物平衡、提高免疫力、降血脂、降血压等作用，因此又被称为对人体健康有益的"益生元"。大豆中淀粉含量非常少。

4. 维生素

豆类中普遍含有比较多的 B 族维生素，如 100 g 大豆中含维生素 B_1 为 0.79 mg，维生素 B_2 为 0.25 mg。另外，大豆中还含有比较多的维生素 E、维生素 K 和维生素 A 等。

5. 矿物质

豆类富含钙、铁、镁、磷、钾等，是一类比较典型的高钾、高镁、低钠食品。虽然大豆中铁含量比较高，但是由于植酸的存在，使铁的生物利用率降低，人体吸收数量也就减少。

(二) 我国传统豆制品的营养价值

我国传统的豆制品种类很多，如豆腐、豆腐干、豆浆、豆乳、发酵豆制品等。各种大豆制品因加工方法的差异和含水量的高低，其营养价值差别很大。

1. 豆浆

大豆经过清洗、浸泡、磨碎、过滤、煮沸后即成为豆浆。豆浆中蛋白质的利用率可达 90% 以上。但豆浆或其他豆制品必须经过彻底加热方能够食用。这是因为大豆中含有胰蛋白酶抑制剂，会影响蛋白质的消化吸收。只有经过彻底加热才能使这种抗胰蛋白酶被破坏。豆浆含有丰富的营养成分，在蛋白质的供给上不亚于牛乳，其铁含量还超过牛乳很多倍。不足之处是脂肪含量和糖含量较低，维生素 B_2、维生素 A、维生素 D 比鲜乳少。若能补充某些营养成分，则营养价值可提高许多。

2. 豆腐

向煮沸的豆浆中加入适量的硫酸钙，或者卤水（硫酸钙与硫酸镁的混合物），或者葡萄糖酸内酯，使豆浆中的大豆蛋白凝固，去除其中大部分水分就成为豆腐。豆腐中蛋白质消化吸收率可达到 95% 左右，远远高于豆浆。

3. 豆芽

豆芽是由大豆或绿豆经水泡后发芽而成。在豆类中几乎不含有维生素 C，但经过发芽后每 100 g 大豆中维生素 C 的含量可高达 15 ~ 20 mg，绿豆芽约 20 mg。豆芽生成过程中，豆中营养成分有不同程度的降解或被利用。大豆中的胰蛋白酶抑制剂可因发芽而被部分除去，由于酶的作用，使豆中的植酸降解，又增加了矿物质的吸收利用率，蛋白质利用率也比大豆提高 10% 左右。

（三）大豆蛋白制品

大豆蛋白制品是应用现代科学技术对大豆进行深加工的产品，有大豆粉、浓缩大豆蛋白、分离大豆蛋白和组织蛋白等品种。它们常作为营养食品和保健食品的配料，在食品工业中有重要作用。

1. 大豆分离蛋白

用蛋白质未变性的豆粕粉为原料，在 pH7 ~ 9 的稀碱液中使大豆或油料蛋白质溶解，分离除去纤维素等不溶物，再将溶液 pH 调至 4.5 使蛋白质析出沉淀下来，使沉淀物中和干燥即得到大豆分离蛋白，可用以强化或制成各种食品。大豆分离蛋白中蛋白质含量在 90% 左右。

2. 大豆浓缩蛋白

豆粕粉原料以 50% ~ 70% 的乙醇浸洗或水蒸气加热使蛋白质变性，或用 pH 为 4.5 的酸性水浸洗，而后将原料中可溶物分离出来，得到包含纤维素等不溶成分在内的大豆浓缩蛋白。

3. 组织化蛋白

组织化蛋白的原料用豆粕粉或浓缩蛋白、分离蛋白均可，但要去除纤维素。在处理后的原料中加入各种调料或添加剂，送入膨化机经高温高压喷挤出来，有时也做成肉丝状。由于产品有肉的口感，故称人造肉。

（四）大豆蛋白质资源的开发利用

我国居民的膳食构成中，蛋白质的摄入量基本达到了供给量标准。但是由于来源主要是粮谷类蛋白质，蛋白质的质量比较差。为了摄入高质量蛋白质，根据我国现实国情，应该大力开发豆类食品尤其是大豆蛋白食品，使大豆蛋白的摄入量达到蛋白质总摄入量的 25%。

在肉类食物中添加一定数量的大豆分离蛋白，既不影响动物性食品蛋白质的营养价值，也不影响食品的风味。因此，在食品加工中，可以把大豆蛋白质作为肉类蛋白质的部分替代品，以降低生产成本，增加食品产量，满足广大消费者的需要。还可以和谷类进行混合搭配增加营养价值。此外，面向特殊人群的营养强化食品也日益被人们所重视，如婴幼儿代乳食品、儿童食品、学校午餐及政府企业工作午餐等。研究老人和孕产妇的大豆蛋白强化食品也被人们所关注。

大豆蛋白的限制性氨基酸为含硫氨基酸，所以设厂生产这类氨基酸也是开发利用大豆蛋白的主要促进措施之一。

四、水果的营养价值

蔬菜、水果由许多不同的化学物质组成，这些物质大多数是人体所需要的营养成分，是保持人体健康必不可少的。大多数新鲜蔬菜和水果的水分含量很高，蛋白质、脂肪含量低，同时蔬菜和水果含有一定量的碳水化合物及丰富的矿物质和维生素。水果和蔬菜在膳食中不仅占有较大的比例，而且对增进食欲、帮助消化、维持肠道正常功能及丰富膳食的多样化等方面具有重要的意义。

（一）水分

水分是果蔬中含量最高的化学成分之一，蔬菜和水果中的水分含量很高，一般占80%以上，有些种类和品种在90%左右，黄瓜、西瓜等瓜类果蔬的含水量高达96%以上，甚至会达到98%。

（二）碳水化合物

果蔬中的碳水化合物主要以单糖和双糖的形式存在，含糖量为0.5%～25%。果蔬中含糖量不仅在不同种类和品种间有很大的变动，而且主要存在形式也不同。

在仁果类中，苹果、梨等以果糖为主，葡萄糖和蔗糖次之，苹果所含果糖最多，含量可高达11.8%。

在核果类中，桃、李、杏等以蔗糖含量较多，可达10%～16%，而樱桃的蔗糖含量特别少。柑橘类果实均含有大量的蔗糖，特别是在柠檬中含有0.7%的蔗糖。

在浆果类中，葡萄、草莓、猕猴桃等主要含有葡萄糖和果糖，蔗糖含量少于1%，欧洲种葡萄、红穗状醋栗等均不含蔗糖。

蔬菜类中的含糖量一般比果实中低，含糖量较高的蔬菜有胡萝卜、番茄、甜薯、南瓜等。未成熟果实及根茎类、豆类蔬菜中含淀粉较多，如板栗含淀粉为16%～42%、马铃薯14%～25%、藕12%～19%。

蔬菜和水果是膳食纤维的重要来源，水果中的果胶一般是高甲氧基果胶，蔬菜中的果胶为低甲氧基果胶，果胶通常以原果胶、果胶和果胶酸三种不同的形态存在于果蔬的组织中。原果胶不溶于水，它与纤维素等将细胞与细胞紧紧地结合在一起，使果蔬显得坚实脆硬。果蔬中含果胶较多的有山楂、苹果、胡萝卜、南瓜、番茄等。

（三）维生素

各种新鲜蔬菜都含有维生素 C，特别是叶菜类和花菜类的蔬菜维生素 C 含量最丰富，根菜类次之。蔬菜中如辣椒、雪里蕻、甘蓝、花椰菜、菠菜等的维生素 C 含 35 mg/（100 g）左右或更多。维生素 C 在鲜枣、山楂、猕猴桃、荔枝等水果中含量较多。仁果及核果类含维生素 C 均在 10 mg/（100 g）以下。

新鲜果蔬中含有大量的胡萝卜素，如甘蓝、菠菜、胡萝卜、南瓜、柑橘、枇杷、甜瓜、西瓜等。

维生素 B_1 在豆类蔬菜、芦笋、干果类中含量最多。维生素 B_1 是维持神经系统正常活动的重要成分之一，人体长期缺乏会患脚气病和肠胃功能障碍。

（四）矿物质

蔬菜水果是人体无机盐的重要来源，对维持机体的酸碱平衡也很重要，如钙、镁、钾、钠、铁、铜、磷、碘等。无机盐是产生和保持人体生理功能必不可少的营养物质。许多绿叶蔬菜如油菜、小白菜、雪里蕻、芹菜等都是钙和铁的良好来源，不但矿物质含量高，利用率也较高。有些蔬菜如菠菜、苋菜、洋葱、韭菜等含钙虽多，但同时也含有较多的草酸，草酸与钙结合会形成不溶性的草酸钙，影响人体对钙的吸收和利用。

（五）有机酸

水果蔬菜中含有各种有机酸，主要有苹果酸、柠檬酸、酒石酸和草酸等。果蔬的酸味主要来自有机酸，果蔬保持一定的酸度对维生素 C 的稳定性具有保护作用。不同的果蔬所含有机酸种类、数量及其存在形式不同。柠檬酸、苹果酸、酒石酸在水果中含量较高，蔬菜中的含量相对较少。柑橘类、番茄类含柠檬酸较多，仁果类、核果类含苹果酸较多，葡萄含酒石酸较多，草酸普遍存在蔬菜中。

（六）芳香物质和色素

果蔬具有的香味来源于果蔬中的芳香物质，果蔬中的芳香物质是成分繁多而含量极微的油状挥发性化合物，也称精油，主要成分为醇、酯、酮、醛、萜、挥发性有机酸、内酯和含硫化合物等。

果蔬中的色素种类繁多、结构复杂，它们或显现或被掩盖，多数情况下几种色素同时存在，共同决定着果蔬的颜色。果蔬中的色素主要有叶绿素、类胡萝卜素、花色素和黄酮类色素等。这些色素的分布和含量随果蔬种类、生长发育阶段和环境条件等不同而有很大不同和变化。在许多果蔬的成熟、衰老过程中，叶绿素由于被分解而转黄的变化很明显，因此果蔬是否变黄常被用作成熟度和贮藏质量变化的标准。

第二节 动物性食品的营养价值

一、畜禽肉的营养价值

畜禽肉类主要包括猪、牛、羊、兔肉以及鸡、鸭、鹅肉类等，也包括畜禽的内脏及其制品。该类食品不仅能供给人体优质蛋白质、脂肪、矿物质和维生素，还可加工成各种制品和菜肴，是人类重要的食物资源。畜禽肉的营养素分布因动物的种类、年龄、肥瘦程度及部位不同而差异较大。肥瘦不同的肉中脂肪和蛋白质的变动较大；动物内脏脂肪含量少，蛋白质、维生素、矿物质和胆固醇含量较高。

（一）畜禽肉组织结构

1. 肌肉组织

肌肉组织是畜禽肉的主要构成部分。在各种畜禽肉体中，肌肉组织占 50%~60%。肌肉组织是最有食用价值的部分。肌肉组织主要由横纹肌组成。构成横纹肌的最小结构单位为肌纤维，肌纤维是含有蛋白质、矿物质等营养素和各种酶的主要成分。肌肉组织食用价值的大小，决定于肌纤维之间的结缔组织的多少。结缔组织属不完全蛋白质，若结缔组织过多，肌肉组织在烹调时不易熟烂。

2. 脂肪组织

脂肪组织是决定肉品质的重要因素，它也决定肉的食用价值。脂肪组织一般沉积在畜禽的皮下、肾脏周围及腹腔内肠膜的表面，一部分与蛋白质相结合存在于肌肉中，一般占肉体的 20%~30%。肌肉中的脂肪称为肌间脂肪，能使肉的风味柔滑而鲜美，因而食用价值很高。

3. 结缔组织

结缔组织在畜禽体内执行着机械职能，由它连接着机体各部，建立起软硬支架。在整个有机体内部都有结缔组织分布，如腱、筋膜、血管等。结缔组织有连接和保护机体组织的作用，一般占肉体的 9%～11%。结缔组织主要由两种蛋白质构成，即胶原蛋白与弹性蛋白。胶原蛋白与弹性蛋白属不完全蛋白质，营养价值低且不易消化，故结缔组织含量越少，肉的营养价值越高。肉中结缔组织的多少与畜禽的年龄、饲养、肥度和畜禽体部位密切相关。

（二）畜禽肉类的营养价值

1. 蛋白质

畜禽肉类的蛋白质主要存在于动物的肌肉组织和结缔组织中，含量占动物总质量的 10%～20%。牛肉中蛋白质含量为 15%～20%，瘦猪肉中含 10%～17%，羊肉含 9%～17%，鸡肉中的含量可达 20% 以上，鸭肉中含 15%～18%，鹅肉中的含量在 10% 左右。

按照蛋白质在肌肉组织中存在的部位不同，肌肉中的蛋白质可分为肌浆蛋白（20%～30%）、肌原纤维蛋白（40%～60%）及间质蛋白（10%～20%）。畜肉类蛋白质中含有各种必需氨基酸，尤其是精氨酸、组氨酸、苏氨酸、赖氨酸和蛋氨酸等植物性蛋白所缺少的氨基酸，而且在种类和比例上接近人体需要，极易被人体消化和吸收利用，所以营养价值很高，属于完全蛋白质。在结缔组织中的间质蛋白，其色氨酸、酪氨酸、蛋氨酸的含量很少，属于不完全蛋白质。

某些畜肉如兔肉的肌肉组织中蛋白质含量超过 20%，脂肪含量低，只有 0.5%，并且胆固醇含量极低。由于它具有这些营养特点，非常适合老年人及患有心脑血管疾病的人食用。

畜禽肉类蛋白质经烹调后，一些含氮浸出物溶于水中，如氨基酸、肌肽、嘌呤碱等，使肉汤具有鲜美的味道。不过，禽肉蛋白质的氨基酸组成更接近人体需要，质地较畜肉细嫩，含氮浸出物多，因此禽肉炖汤味道比畜肉鲜美。

2. 脂类

畜禽肉类的脂类由各种脂肪酸的三酰甘油酯，以及少量卵磷脂、胆固醇和脂色素等组成。不同的畜禽肉品中脂肪含量不同，脂肪酸的种类也不同。畜肉中脂肪含量在 10%～30%，含饱和脂肪酸较多，熔点高，不易被肌体消化吸收；但禽肉脂肪熔点较低，含有一定量的亚油酸等不饱和脂肪酸，含量约为 20%，所以禽肉脂肪的营养价值高于畜肉。在畜禽的脑、内脏和脂肪中含有比较多的胆固醇，应避免过多摄入影响人体健康。

煮制肉汤的滋味与肉中脂肪尤其是肌间脂肪的含量有一定关系。这是因为脂肪具有乳化作用，能发挥润滑功能。脂肪含量过少，肉质会发硬，汤味也较差。

3. 碳水化合物

动物性食品中碳水化合物含量低。畜禽肉中的碳水化合物主要是糖原，一部分存在于肝脏中，一部分存在于肌肉组织中，其正常含量应占动物体重的5%。动物经宰杀后，由于过度疲劳，使其体内碳水化合物含量下降，在贮存过程中，由于糖酵解作用继续进行，使畜禽体内的糖原逐渐下降，少部分不完全氧化分解成乳酸，使肉的酸性增强。

4. 矿物质

畜禽肉中矿物质含量为0.8%～1.2%，多集中在内脏器官如肝、肾及瘦肉中。铁和磷含量较多，钙含量比较低。肉中所含的铁主要以血红素铁的形式存在，其吸收利用不受其他因素的影响，生物利用率高，是膳食中铁的良好来源。畜禽肉中磷含量约每100 g含150 mg，钙含量约每100 g含10 mg。

5. 维生素

畜禽肉中含有丰富的B族维生素。动物的内脏特别是肝、肾含有较多的脂溶性维生素。每100 g猪肝中含维生素C18 mg，烟酸16 mg，还有维生素A等，鸡肉中含有的烟酸的量也比一般肉类含量高，维生素B_1和维生素B_2的含量也较多。

6. 无机盐

畜禽肉类无机盐主要有磷、钙、铁、锌、硒等多种，含量一般为0.8～1.2 mg/（100 g），内脏高于瘦肉，瘦肉高于肥肉。其中畜肉中钙含量在7～11 mg/（100 g），禽肉高于畜肉，虽然钙的含量不高，但吸收利用率较高。畜禽肉中的铁以血色素铁的形式存在，生物利用率高，消化吸收率高于其他类食品。肝脏和血液中铁的含量十分丰富，在10～30 mg/（100 g）以上，是铁的良好膳食来源。内脏中还含有丰富的锌和硒，牛肾和猪肾的硒含量是其他一般食品的数十倍。此外畜禽肉中还含有较多的磷、硫、钾、钠、铜等。

二、蛋类的营养价值

蛋类食品包括禽类的蛋及其加工制成的松花蛋、咸蛋、糟蛋等。蛋类富含人体所需要的完全蛋白质、脂肪、无机盐和丰富的维生素，其脂肪熔点低，分布均匀，所以软嫩鲜美，易于消化，是人类理想的滋养食品。

（一）蛋的结构

蛋由蛋壳、蛋白和蛋黄三部分组成。蛋壳占蛋总质量的12%～13%，主要由无机成分构成。蛋壳的外壳有一层水溶性胶状黏蛋白，呈霜状，对防止微生物进入蛋内及水分和二氧化碳过度向外挥发起预防作用，蛋壳的内表面附着着一层壳下膜，使蛋壳与蛋清分开。蛋清约占总质量的58%，主要是卵白蛋白，遇热、碱、乙醇等发生凝固，遇氯化物则水解为水样的稀薄物，根据这些性质蛋类可加工成松花蛋和咸蛋等。蛋黄约占总质量的31%，呈球形，外包一层卵黄膜，卵黄膜上有两根系带连接在壳下膜上，以固定蛋黄。

(二) 鲜蛋的营养成分

1. 蛋白质

蛋类的蛋白质含量大多在12%～14%，蛋清中的蛋白质含量约为12.7%，蛋黄中蛋白质的含量高于蛋清，约为15.2%。蛋类的蛋白质几乎能被人体全部吸收，而且含有人体所需的所有必需氨基酸，其构成比例也符合人体氨基酸模式，生物有效性高，蛋白质利用率评价时可以将蛋类蛋白质作为参考蛋白质，其生物价为95，赖氨酸和蛋氨酸含量较高，可补充谷类和豆类食物中赖氨酸和蛋氨酸的不足。

蛋清中的蛋白质超过40种，主要是卵白蛋白、卵伴清蛋白、卵黏蛋白和卵类黏蛋白等糖蛋白，糖蛋白占蛋清总蛋白质的80%左右，其特点是各种必需氨基酸种类齐全，比例关系接近人体氨基酸模式，属完全蛋白质。

蛋黄中的蛋白质主要是脂蛋白和磷蛋白，其中低密度脂蛋白占65%，卵黄球蛋白占10%，卵黄高磷蛋白占4%，而高密度脂蛋白（又称为卵黄磷脂蛋白）约占16%。蛋黄中的蛋白质具有良好的乳化性质，故而蛋黄可作为色拉酱制作的主要原料。

蛋清中还含有一些抗营养素，主要是抗生物素蛋白和抗胰蛋白酶。抗生物素蛋白在肠道中与生物素结合，会阻碍生物素的吸收，使生物素在人体内的利用率下降；抗胰蛋白酶会降低消化道中的蛋白酶的活性，使蛋白质的消化吸收率下降。蛋清加热制熟后，这两种物质会被破坏，不会对人体产生不良影响，故鸡蛋宜加热煮熟后食用。

此外，蛋类蛋白质中还含有一些抗菌的酶类，如溶菌酶、伴白蛋白、卵白素、核黄素结合蛋白等。

2. 脂肪

鸡蛋中的脂肪含量占9%～11.1%，98%的脂肪存在于蛋黄中。鸡蛋中的脂肪主要与蛋白质结合为脂蛋白并以乳化形式存在，因而消化吸收率较高。蛋黄脂肪中的中性脂肪含量占62%～65%，磷脂占30%～33%，固醇类物质占4%～5%，还含有微量脑苷脂类。中性脂肪中以单不饱和脂肪酸最为丰富，约占总脂肪酸的一半，亚油酸约占10%，其他为硬脂酸、棕榈酸和微量花生四烯酸。

蛋黄中的类脂含量丰富，其中的磷脂主要为卵磷脂、脑磷脂和部分神经鞘磷脂，各种蛋类的磷脂含量相近，磷脂类物质对人体脑和神经组织的发育和维护具有重要意义。其中丰富的卵磷脂具有降低人体血胆固醇的作用，并且有良好的乳化能力，可使蛋黄呈现很好的乳化性状。

3. 碳水化合物

蛋类中碳水化合物的含量极低，为1%左右，其中一半左右与蛋清蛋白质结合为糖蛋白，另一半以游离状态存在，其中98%为葡萄糖，此外还有微量的果糖、甘露糖、阿拉伯糖和核糖等。

4. 无机盐

蛋类的无机盐主要存在于蛋黄中，含量为1.0%~1.5%，其中钙、磷、铁等元素的含量较为丰富，还含有少量的镁、钾、钠、硒、碘等元素。其中，磷含量最高，鸡蛋中含磷约为240 mg/100 g，含钙为112 mg/100 g。蛋中的铁含量也较高，但以非血色素铁的形式存在，而且易与蛋黄中的磷蛋白结合成卵黄高磷蛋白，因此吸收率不高，只有约3%，因此，蛋类不是人体铁的良好来源。

此外，蛋壳中碳酸钙含量约为95%，其次为少量的蛋白质、碳酸镁、磷酸钙等，蛋壳经处理后可作钙粉原料，对食品进行营养强化。

5. 维生素

蛋中维生素种类繁多且含量较高，主要存在于蛋黄中，包括丰富的维生素A、维生素D、维生素K以及所有的B族维生和及微量维生素C。蛋中维生素含量受禽的种类、季节、饲料等因素影响，如鸭蛋和鹅蛋的维生素含量总体高于鸡蛋；日照强度大、时间长的季节所产禽蛋维生素D和维生素A的含量较高；禽类饲料中维生素含量高，则蛋中维生素含量也高，例如，青饲料中胡萝卜素含量较高，以此饲料饲养的禽类所产蛋含有的维生素A更为丰富，蛋黄颜色也较深。在饲料中添加一些合成的胡萝卜素会令蛋黄着色，可提高鸡蛋的感官性状和营养价值。

6. 微量活性物质

禽蛋类食品中除了含有丰富的营养素外，还含有一些微量生理活性物质。蛋黄是胆碱和甜菜碱的良好来源，胆碱可促进脑发育，促进脂肪代谢，具有降低血胆固醇等作用；甜菜碱具有降低血脂，预防动脉硬化的功效。蛋壳、蛋清、蛋黄中均含有唾液酸，唾液酸是一种免疫活性物质，对轮状病毒有抑制作用。

(三) 蛋制品的营养价值

蛋制品主要是经过加工的蛋品，传统的蛋类加工食品有皮蛋、咸蛋、糟蛋等，这些加工后的蛋制品具有特殊的风味，其营养价值也发生了变化。

1. 咸蛋

咸蛋为鲜蛋经盐水腌制后的产品。但由于食盐的作用，一些营养成分发生了变化，蛋白质的含量有少量下降，这可能是由于蛋白质渗出造成的。脂肪和碳水化合物的含量有所上升，新鲜蛋黄中的脂肪、蛋白质、碳水化合物、卵磷脂和水分等结合在一起，呈现均匀的胶体状态，腌制后，食盐破坏了蛋黄的胶体状态，主要是水分含量下降，乳化状态的脂肪聚成大油滴。钙等无机盐含量上升明显，特别是腌制时间长的蛋，含钠量较高，不宜摄取食盐过多的人应少食咸蛋。维生素含量与鲜蛋比也有所升高，特别是维生素 A 的含量较高。

2. 皮蛋

皮蛋又称松花蛋，是鲜蛋经碱的碱化而由生变熟，不需再加工就可食用的蛋制品。碱化过程中蛋内营养物质主要发生了如下变化：蛋清中水分含量有所下降，蛋黄水分含量上升，因此蛋白质的含量在蛋清中相对有所上升，在蛋黄中相对有所下降，有少量蛋白质会在碱的作用下水解，进而产生一些含氮和含硫的分解物，如氨和硫化氢等，这使皮蛋具有特有的风味，消化吸收率也有所提高；在碱和盐的作用下，无机盐的含量增加；在碱性条件下，B 族维生素受到了破坏，维生素 A 和维生素 D 的变化不大；蛋内的脂肪在腌制过程中有少量水解，因此，蛋类脂肪量减少而酸价上升。

三、动物性水产品的营养价值

水产类原料种类繁多，包括鱼、虾、蟹、贝类等，其中以鱼类为主。鱼的种类繁多，可分为淡水鱼、海水鱼两类，其营养价值受种类、鱼龄、肥瘦程度和捕获季节影响较大。虾、蟹、贝类在各种水体中均有分布，种类繁多，都是经济价值和营养价值较高的烹饪原料。

(一) 蛋白质

鱼、虾、蟹等原料蛋白质的含量一般为 15%～25%，氨基酸组成完全为优质的蛋白质，鱼类肌纤维细短，间质蛋白少，组织软而细嫩，含水量高，比畜、禽肉更易消化吸收，是谷类食物理想的互补食品。鱼类组织中含氮浸出物主要是胶原蛋白和黏蛋白，烹调后成为溶胶，是鱼汤冷却后形成凝胶的重要物质。有些水产品，蛋白质含量虽高，但构成缺少色氨酸，是不完全蛋白质，只因稀少而名贵，其营养价值并不高。

（二）脂肪

水产类原料脂肪含量很少，一般为 1%～3%，因种类不同脂肪含量差别很大。鱼类脂肪分布不均，主要分布在内脏周围和皮下，肌肉组织中含量很少，虾、贝类脂肪含量更少，蟹类脂肪主要集中在蟹黄中。鱼类脂肪含有 70%～80%的不饱和脂肪酸，熔点低，常温下为液态，消化吸收率达 95%，营养价值高。鱼类脂肪中的不饱和脂肪酸，具有降低血脂、防治动脉粥样硬化和冠心病的作用，但易氧化。水产类胆固醇含量不高，但鱼子、虾子中胆固醇含量很高，如虾子胆固醇含量为 896 mg/100 g。

（三）无机盐

鱼类无机盐含量为 1%～2%，主要为钙、磷、铁、钾、碘等。其中磷的含量占总成分的 40%，钙的含量较畜肉高，为补钙的良好食物。海产鱼类含碘丰富，约为禽畜肉的 10 倍以上，是防止碘缺乏症的良好食物。牡蛎中锌的含量较高，为益智海产。

（四）维生素

鱼类是维生素 B_{12}、维生素 B_2、烟酸的良好来源。海鱼肝中含有大量的维生素 A 和维生素 D。虾、蟹、贝类是维生素 B_2 的良好来源，如海蟹中维生素 B_2的含量约 0.5 mg/100 g，河蟹约 0.7 mg/100 g，蛤蜊约 0.9 mg/100 g。

第三节　其他食品的营养价值

一、调味品的营养价值

调味品是指一些能调节食物色、香、味的食品，也称调料或作料。调味品的种类繁多，日常生活中最常用的有盐、酱油、酱、醋、糖、味精、姜、辣椒、胡椒等。

（一）酱油和酱类

小麦、大豆及其制品为主要原料，经发酵调制而成，其营养素种类和含量与其原料有很大的关系。以大豆为原料制作的酱油中蛋白质含量较高；以大米为主料的日本酱的碳水化合物含量可达19%左右。

除高级瓶装酱油和标明的可以生食之外，一般的散装酱油买回后应加热煮沸冷却后，作为调料使用；防止酱油长白膜，还可在酱油中滴几滴食用油或放几瓣蒜。

（二）醋类

醋含有丰富的营养物质，并能促进胃液分泌，有助于消化；炒菜时加醋，可减少维生素C的损失；凉拌菜时放醋，可起调味和杀菌的作用；烧鱼炖肉时放醋，不仅能解除鱼腥，还能促进食物中的钙溶解；食醋还具有防病的保健作用。

（三）味精和鸡精

味精是人们日常生活中广泛使用的鲜味剂，在菜或汤中加一点味精，吃起来就觉得格外鲜美。味精的化学名称叫谷氨酸钠，味精进入人体后，很快被吸收分解出谷氨酸。谷氨酸在人体代谢中有着重要的功能，有助于其他氨基酸的吸收，合成人体所需的蛋白质。

使用味精应适量，若过量使用或使用方法不当也会损害健康。

复合鲜味调味品（鸡精），含有味精、鲜味核苷酸、糖、盐、肉类提取物、蛋类提取物、香辛料，宜在食物加热完成后加入。

（四）盐

盐分为海盐、井盐、矿盐、池盐、粗盐、细盐、加碘盐。

盐对维持人体酸碱平衡及其他正常生理机能起着重要作用，盐还可杀菌消炎，用盐水漱口，清洗伤口，对炎症及创伤起到辅助治疗作用，盐汽水还具有防暑降温作用。

但是，流行病学调查表明，钠的摄入量与高血压的发病呈正相关。世界卫生组织建议：每人每天食盐用量不宜超过6 g，吃清淡少盐的膳食，应从幼年时期开始养成良好的习惯。

（五）糖和甜味剂

不同的糖有着不同的甜味。几种常见糖的甜味依次递降排列为：果糖、蔗糖、乳糖。蔗糖由一分子葡萄糖和一分子果糖缩合脱水而成，木糖醇、山梨醇、甘露醇等系人工制成，为保健型甜味剂。

二、酒类的营养价值

我国根据制造方法的不同将酒分为三类，即发酵酒、蒸馏酒和配制酒。

蒸馏酒是以粮谷、薯类、水果等为主要原料，经发酵、蒸馏、陈酿、勾兑制成，主要包括白酒、白兰地、威士忌、朗姆酒等，我国以白酒居多。白酒的香味成分非常复杂，一般以醇、酯、醛类等芳香物质组成。据气相色谱分析，白酒的呈香味物质有几百种之多，起主要作用的为甲酸乙酯、乙酸乙酯、丁酸乙酯等。白酒具有高能量的营养特点，少量饮用具有刺激食欲、补充能量、舒筋活血的功效，过量饮用则会对身体健康造成危害。

啤酒属发酵酒，是世界上饮用最广、消费量最多的酒之一。啤酒营养丰富，除含有乙醇和二氧化碳外，还含有果糖、麦芽糖和糊精等碳水化合物，以及矿物质如钙、磷、钾、镁、锌等。啤酒有"液体面包"的美誉。优质啤酒在一定程度上会刺激胃液分泌、促进消化和利尿。适量饮用啤酒对预防肾脏病、高血压、心脏病有一定的作用。此外，对失眠、神经紧张也具有一定的调节作用。

葡萄酒是果酒中最有代表性的一种，是以新鲜葡萄或葡萄汁为原料经发酵而成。其成分有乙醇、有机酸、挥发酯、多酚及丹宁物质，含丰富的氨基酸、糖、多种维生素，还有钾、钙、镁、铜、锌、铁等矿物质。经常饮用葡萄酒不仅能为人体提供多种营养素和能量，还有预防肝病和心脏病的作用。

黄酒是中国最古老的饮料酒，它具有独特的风味和很高的营养价值。黄酒含有糖类、糊精、有机酸、维生素等营养物质，其氨基酸含量居各种酿造酒之首。黄酒在我国传统医学中经常被作为药引，具有很好的补益增效作用。黄酒中的营养成分极易被人体消化吸收。我国绍兴产的黄酒天下驰名。

乙醇可以提供较多能量，特别是高度白酒。酒对人体产生作用的主要成分是乙醇。少量乙醇可兴奋神经中枢，促进血液循环和增强物质代谢；过量饮酒对人体有害，严重的可造成酒精中毒致死。

三、茶叶的营养价值

（一）我国茶叶的种类

我国是世界上茶类最齐全、种类最丰富的国家。在我国，茶叶经历了漫长的演化和发展，逐渐形成了现在的绿茶、红茶、青茶、黄茶、白茶、黑茶六大类及再加工茶类。各种茶具有各自的基本加工工艺及其独特的品质特点。

1. 绿茶

绿茶属于不发酵类茶，是我国产区最广、产量最高、品种最佳的一类茶叶，其产量占我国茶叶总产量的 70% 左右。按照粗制加工过程的杀青和干燥方式不同，可将其分为蒸青绿茶（如玉露茶、阳羡茶、煎茶等）、炒青绿茶（如西湖龙井、千岛玉叶等）、烘青绿茶和晒青绿茶四种。

2. 红茶

红茶属于全发酵茶类。在国际茶叶市场上红茶贸易量占世界茶叶总贸易量的 90% 以上。鲜茶叶通过发酵促使自身含有的多酚类物质发生生物氧化，产生茶红素、茶黄素等，形成红茶特有的色、香、味。红叶、红汤是红茶共同的品质。红茶以外形形状来分可以分为条红茶（如祁门红茶和云南滇红茶）和红碎茶两大类。

3. 青茶

青茶属于半发酵茶类，乌龙茶为青茶成品之一。主产区为福建、广东、台湾三省。其中闽北的武夷岩茶、闽南安溪铁观音、广东单枞、台湾冻顶乌龙茶品质极佳，驰名中外。

4. 黄茶

黄茶属于微发酵茶类。其品质特点是黄叶、黄汤、香气清悦，滋味醇厚，如湖南的君山银针、四川的蒙顶黄芽、浙江的平阳黄汤、安徽的霍山黄芽和黄大茶等。

5. 白茶

白茶属于轻微发酵茶类。主产区为福建、广东等地。主销东南亚和欧洲。白茶分为芽茶和叶茶两类。采用单芽为原料加工而成的为芽茶，称为银针；采用完整的一芽一二叶加工而成的为叶茶，称为白牡丹。

6. 黑茶

属于后发酵茶。主产区为四川、云南、湖北、湖南等地。主销青海、西藏等地。黑茶采用的原料较粗老，是压制紧压茶的主要原料。黑茶种类较多，制法因种类不同而有差别。黑茶压制成的砖茶、饼茶、沱茶、六堡茶等紧压茶，是少数民族不可缺少的饮品。

此外，还有以上述茶类为原料进行再加工而成的固态和液态茶，包括花茶、紧压茶、速溶茶、浓缩花茶、风味茶、保健茶及液态茶饮料等。

（二）茶叶中的营养成分

1. 碳水化合物

茶叶中的碳水化合物包括单糖、双糖和多糖三类，碳水化合物含量占干物质总量的50%左右。单糖和双糖又称可溶性糖，易溶于水，是组成茶叶滋味的物质之一；多糖不溶于水，是衡量茶叶老嫩度的重要成分。茶叶中的水溶性果胶是形成茶汤厚度和外形光泽度的重要成分之一。正常情况下，茶叶中的膳食纤维占干物质总量的11%～18%。

2. 蛋白质与氨基酸

茶叶中的蛋白质含量占干物质总量的20%～30%，能溶于水直接被利用的蛋白质含量仅占1%～2%。这部分水溶性蛋白质是形成茶汤滋味的成分之一，大部分蛋白质不溶于水，存在于茶渣中。茶叶中的氨基酸种类丰富，含有异亮氨酸、苏氨酸、赖氨酸等人体必需氨基酸，也含有婴儿生长发育所必需的组氨酸。氨基酸占干物质总量的1%～4%。氨基酸对形成绿茶香气具有重要作用。

3. 脂类

茶叶中的脂类物质包括脂肪、磷脂、甘油酯等，含量占干物质总量的1%～4%，对茶叶的香气有着积极作用。脂类物质在茶树体的原生质中，对进入细胞的物质渗透起作用。

4. 维生素

茶叶中含有丰富的维生素。其含量占干物质总量的0.6%～1%。其中，维生素C含量最多，以高档名优绿茶含量为高，一般每100 g高级绿茶中含量可达250 mg左右，最高的可达500 mg以上。

喝茶是补充水溶性维生素的好办法，经常喝茶可以补充人体对多种水溶性维生素的需要。

5. 水

水分是茶树生命活动中必不可少的成分，是制茶过程一系列化学变化的重要介质。制茶过程中茶叶色、香、味形的变化都是伴随着水分变化而变化的。茶鲜叶的含水量一般为75%～78%，鲜叶老嫩、茶树品种、季节不一，含水量也不同。茶鲜叶经过烘焙制成成品时，含水量在5%～8%。

6. 矿物质

茶叶中含有人体所需的大量矿物质。茶叶中含锌量高，尤其是绿茶，每100 g绿茶中平均含锌量达4 mg。茶叶中铁的平均含量也比较高，每100 g绿茶中为14 mg，每100 g红茶中为28 mg。这些元素对人体的生理机能发挥着重要的作用。

7. 有机酸

茶叶中的有机酸种类很多，含量为干物质总量的3%左右。茶叶中的有机酸多为游离的有机酸，有棕榈酸、亚油酸、乙烯酸等。茶叶中的有机酸是香气的主要成分之一，现已发现茶叶香气中有机酸的种类达到15种。有些有机酸本身无香气，但是经过氧化后转化为香气，如亚油酸等。

8. 生物碱

茶叶中的生物碱包括咖啡碱、可可碱和茶碱。其中以咖啡碱的含量最多，占 2%~5%；其他含量甚微，所以茶叶中的生物碱含量常以测定咖啡碱的含量为代表。红茶汤中出现的"冷后浑"就是咖啡碱与茶叶中多酚类化合物生成的物质。咖啡碱对人体有多种药理功效，如提神、利尿、促进血液循环、助消化等。

9. 色素

茶叶中的色素包括脂溶性色素和水溶性色素两部分，含量仅占茶叶干物质总量的 1%左右。脂溶性色素不溶于水，含有叶绿素、胡萝卜素等。水溶性色素有黄酮类物质、花青素及茶多酚氧化产物。脂溶性色素是干茶色素和叶底色泽的主要成分。绿茶、干茶和叶底的黄绿色，主要取决于叶绿素的总含量。

10. 芳香物质

茶叶中的芳香物质是指茶叶中挥发性物质的总称。在茶叶化学物质成分的总含量中，芳香物质含量并不多，一般鲜叶中含有 0.02%。茶叶中芳香物质含量虽然不多，但是其种类却很复杂。据分析，通常茶叶含有的香气成分化合物达 300 多种，鲜叶中的香气成分化合物达 50 多种。鲜叶中的芳香物质以醇类化合物为主，低沸点的青叶醇具有强烈的青草气，高沸点的沉香醇、苯乙醇等具有清香、花香等特性。

11. 茶多酚

茶多酚是茶叶中 30 多种酚类物质的总称，包括儿茶素、黄酮类、花青素和酚酸四大物质。茶多酚的含量占干物质总量的 20%~35%，而在茶多酚的总量中，儿茶素约占 70%，它是决定茶叶色、香、味的重要成分，其氧化聚合产物茶黄素、茶红素等，对红茶汤色的红艳度和滋味有决定性作用。黄酮类物质是形成红茶汤色的主要物质之一。花青素呈苦味，如果含量过多，茶叶品质不好，会造成绿茶滋味苦涩等缺陷。

（三）茶叶的药理作用

茶叶具有药理作用的主要成分是茶多酚、咖啡碱、脂多糖，茶叶的药理作用主要包括以下几个方面。

1. 有助于抑制心脑血管疾病

现已证明，茶多酚对人体脂肪代谢有着重要作用。人体的胆固醇、三酸甘油酯等含量高，血管内壁脂肪沉积，血管平滑肌细胞增生后就会形成动脉粥样化斑块等心血管疾病。茶多酚，尤其是由儿茶素类物质经酶促氧化而成的多酚衍生物——茶黄素（它是红茶重要的品质成分）等，有助于使这种斑状增生受到抑制，使形成血凝黏度增强的纤维蛋白原降低，凝血变清，从而抑制动脉粥样硬化。因此，经常饮茶还有利于降低血压，防止动脉硬化。茶叶中含有的儿茶素和黄酮贰，具有增加微血管弹性、降低血脂以及溶解脂肪的作用，从而能够防止血液中或肝脏中胆固醇和中性脂肪的积聚，对防止血管硬化有一定作用。

2. 有助于预防辐射、防癌、抗癌

茶多酚及其氧化产物具有吸收放射性物质锶 90 和钴 60 毒害的能力。据有关医疗部门临床试验证实，对肿瘤患者在放射治疗过程中引起的轻度放射病，用茶叶提取物进行治疗，有效率可达 90% 以上；对血细胞减少症，茶叶提取物治疗的有效率达 81.7%；对因放射辐射而引起的白血球减少症治疗效果更好。

人体细胞突变是患癌症的前兆，而茶叶成分具有防止人体细胞突变的功能，目前科学研究指出，茶叶对胃癌、肺癌、乳癌、肠癌、肝癌、皮肤癌等多种癌症都具有某种程度上的预防和抑制效果。茶多酚可以阻断亚硝酸钠等多种致癌物质在体内合成，并具有直接杀伤癌细胞和提高机体免疫能力的功效。据有关资料显示，茶叶中的茶多酚（主要是儿茶素类化合物），对胃癌、肠癌等多种癌症的预防和辅助治疗，均有裨益。

3. 有助于美容护肤、延缓衰老

茶多酚、茶黄素等能显著提高超氧化物歧化酶（SOD）的活性，具有很强的抗氧化性和生理活性，是人体自由基的清除剂。据有关研究证明，1 mg 茶多酚清除对人机体有害的过量自由基的效能相当于 9 μg 超氧化物歧化酶，大大高于其他同类物质。茶多酚有阻断脂质过氧化反应，清除活性酶的作用。茶多酚是水溶性物质，用它洗脸能清除面部的油腻，收敛毛孔，具有消毒、灭菌、抗皮肤老化，减少日光中的紫外线辐射对皮肤的损伤等功效。

4. 有助于降脂减肥助消化

茶叶有助消化和降低脂肪的重要功效。现代医学研究表明，饮茶帮助消化的药理作用，主要是由于茶叶中的咖啡碱能提高胃液的分泌量，进而促进人体脂肪的代谢及其他消化液的分泌量，增进食物的消化吸收，增强分解脂肪的能力。

5. 有助于醒脑提神、利尿解乏

近代研究发现，经常饮茶可提神醒脑。茶叶中含有 5% 左右的生物碱，其主要成分是咖啡碱，这种咖啡碱在泡茶时有 80% 可溶进水中，饮用后能兴奋神经中枢，促进新陈代谢，增强心脏功能；并能促进胃液分泌、助消化、解油腻；还能加强横纹肌的收缩功能；促进尿液中过量乳酸的排出，因而有助于使人体尽快消除疲劳，提高劳动效率。因此，每天清晨喝一杯茶，会使人精神振作，精力充沛。此外，茶叶中的咖啡碱可刺激肾脏，促使尿液迅速排出体外，提高肾脏的滤出率，减少有害物质在肾脏中滞留的时间。

6. 有助于消炎杀菌、护齿明目

茶多酚有较强的收敛作用，对病原菌、病毒有明显的抑制和杀灭作用，对消炎止泻有明显效果。我国有不少医疗单位应用茶叶制剂治疗急性和慢性痢疾、阿米巴痢疾，治愈率达90%左右。

茶叶是碱性饮料，可抑制人体钙质的减少，而且茶叶中含氟量较高，这对预防龋齿、护齿、坚齿，都是有益的。这是因为，茶叶中的维生素 C 等成分，能降低眼睛晶体混浊度，经常饮茶，对减少眼疾、护眼明目均有积极的作用。

第四章　膳食营养与人体健康

合理的膳食营养是维持人体代谢平衡和正常生理功能、促进生长发育、增强免疫功能的重要基础，各种原因所引起的营养不足或过剩都可导致对人体健康的危害。因此，合理选择食物和安排膳食非常重要。本章将简要介绍合理的膳食结构与膳食指南，探析膳食营养与慢性病的防治，研究营养食谱的设计。

第一节　膳食结构与膳食指南

一、膳食结构

膳食结构是指膳食中各类食物的数量及其在膳食中所占的比重，由于影响膳食结构的因素是在逐渐变化的，所以膳食结构不是一成不变的，人们可以通过均衡调节各类食物所占的比重，充分利用食品中的各种营养，达到膳食平衡，促使其向更利于健康的方向发展。

（一）膳食结构类型

1. 以动物性食物为主

以欧美等发达国家为代表。此类膳食的优点是膳食质量好，即蛋白质的数量和质量好，某些矿物质和维生素如钙、维生素 A 等较丰富，但最大的问题是存在高热能、高脂肪、高蛋白、低纤维（"三高一低"）的缺陷，易诱发肥胖症、高脂血症、冠心病、糖尿病、脂肪肝等所谓"富裕型"疾病。

2. 以植物性食物为主

以大部分发展中国家的膳食为代表。此类膳食虽然没有欧美发达国家"三高一低"膳食的缺陷，但膳食质量较差，如蛋白质和脂肪的数量均较低，蛋白质质量也较差。某些矿物质和维生素常显不足，易患营养缺乏病。

3. 动、植物性食物摄取比较均衡

动、植物性食物摄取应均衡，既应保持以植物性食物为主的亚洲膳食的优点，又要避免了欧美"三高一低"膳食的缺陷。

（二）中国居民的膳食结构

绝大多数中国居民的膳食结构以植物性食物为主。但 1949 年后，随着人民生活水平的提高，我国居民的膳食结构发生了明显变化，其中以大城市的变化更为明显。变化特点是：粮食消费下降，动物性食物成倍增加。随着膳食结构的变化，营养组成也发生了明显变化。特点是：碳水化合物摄入量下降，脂肪摄入量上升。

膳食结构和营养组成的变化既对人们的健康状况产生了好的影响，也带来了一些不利的影响。好的影响主要反映在儿童生长发育好；不良影响主要表现在某些营养素不足，如钙、铁、维生素 A、维生素 B_2 依然摄入不足，而"富裕型"疾病不断增加。从全国看，居民膳食结构的变化趋势特别是几个大城市的变化趋势是一致的，当然变化有快慢之分，而个别相对贫穷的地区，仍以营养摄入不足为主。

不论是不足还是过剩，都存在一个调整膳食结构的问题。总的调整原则如同我国古代医学的经典著作《黄帝内经》所述："五谷为养，五畜为益，五果为助，五菜为充。"❶ 这四句话既阐明了合理膳食应当包括的食物种类，又阐明了各类食物在合理膳食中应占的比重，至今仍不失为合理膳食结构的模板。

二、中国居民膳食指南与平衡膳食宝塔

（一）中国居民膳食指南

《中国居民膳食指南（2016）》（以下简称《指南》）于 2016 年 5 月 13 日由国家卫生计生委疾控局发布，是为提出符合我国居民营养健康状况和基本需求的膳食指导建议而制定的法规，自 2016 年 5 月 13 日起实施。❷《指南》针对 2 岁以上的所有健康人群提出 6 条核心推荐，分别为：

1. 食物多样，谷类为主

每天摄入谷薯类食物 250~400 g，其中全谷物和杂豆类 50~150 g，薯类 50~100 g。食物多样、谷类为主是平衡膳食模式的重要特征。

---

❶ 王协斌. 营养与膳食 [M]. 上海：上海交通大学出版社，2018：5.
❷ 周洁. 食品营养与安全 [M]. 北京：北京理工大学出版社，2018：82.

2. 吃动平衡，健康体重

各年龄段人群都应每天运动、保持健康体重。食不过量，控制总能量摄入，保持能量平衡。坚持日常身体活动，每周至少进行 5 天中等强度身体活动，累计 150 min 以上；主动身体活动最好每天 6 000 步。减少久坐时间，每小时起来动一动。

3. 多吃蔬果、奶类、大豆

蔬菜水果是平衡膳食的重要组成部分，奶类富含钙，大豆富含优质蛋白质。餐餐有蔬菜，保证每天摄入 300~500 g 蔬菜，深色蔬菜应占二分之一。天天吃水果，保证每天摄入 200~350 g 新鲜水果，果汁不能代替鲜果。吃各种各样的奶制品，相当于每天液态奶 300 g。经常吃豆制品，适量吃坚果。

4. 适量吃鱼、禽、蛋、瘦肉

鱼、禽、蛋和瘦肉摄入要适量。每周吃鱼 280~525 g，畜禽肉 280~525 g，蛋类 280~350 g，平均每天摄入总量 120~200 g。优先选择鱼和禽。吃鸡蛋不弃蛋黄。少吃肥肉、烟熏和腌制肉制品。

5. 少盐少油，控糖限酒

培养清淡饮食习惯，少吃高盐和油炸食品。成人每天食盐不超过 6 g，每天烹调油 25~30 g。控制添加糖的摄入量，每天摄入不超过 50 g，最好控制在 25 g 以下。每日反式脂肪酸摄入量不超过 2 g。足量饮水，成年人每天 7~8 杯（1 500~1 700 mL），提倡饮用白开水和茶水；不喝或少喝含糖饮料。儿童、青少年、孕妇、乳母不应饮酒。成人如饮酒，男性一天饮用酒的酒精量不超过 25 g，女性不超过 15 g。

6. 杜绝浪费，兴"新食尚"

珍惜食物，按需备餐，提倡分餐不浪费。选择新鲜卫生的食物和适宜的烹调方式。食物制备生熟分开、熟食二次加热要热透。学会阅读食品标签，合理选择食品。多回家吃饭，享受食物和亲情。传承优良文化，兴饮食文明新风。

（二）中国居民平衡膳食宝塔

1. 膳食宝塔结构

膳食宝塔共分五层，包含我们每天应吃的主要食物种类。膳食宝塔各层位置和面积不同，这在一定程度上反映出各类食物在膳食中的地位和应占的比重。谷薯类食物位居底层，每人每天应该吃 250~400 g；蔬菜和水果居第二层，每天应吃 300~500 g 和 200~350 g；鱼、禽、肉、蛋等动物性食物位于第三层，每天应该吃 120~200 g（畜、禽肉 40~75 g，鱼虾类 40~75 g，蛋类 40~50 g）；奶类和豆类食物合居第四层，每天应吃相当于鲜奶 300 g 的奶类及奶制品和相当于干豆 25~35 g 的大豆及制品。第五层塔顶是烹调油和食盐，每天烹调油不超过 25 g 或 30 g，食盐不超过 6 g。

膳食宝塔强调足量饮水的重要性。在温和气候条件下生活的轻体力活动的成年人每日应饮水 1 500~1 700 mL，在高温或重体力劳动的条件下应适当增加。饮水不足或过多都会对人体健康带来危害。饮水应少量多次，要主动喝水，不要感到口渴时再喝水。目前我国大多数成年人身体活动不足或缺乏体育锻炼，应改变久坐少动的不良生活方式，养成天天运动的习惯，坚持每天多做一些消耗体力的活动。建议成年人每天进行累计相当于步行 6 000 步以上的身体活动，如果身体条件允许，最好进行 30 min 中等强度的运动。

2. 膳食宝塔建议的食物量

膳食宝塔建议的各类食物摄入量都是指食物可食部分的生重。各类食物的质量不是指某一种具体食物的质量，而是一类食物的总量，因此在选择具体食物时，实际质量可以在互换表中查询。如建议每日 300 g 蔬菜，可以选择100 g 油菜、50 g 胡萝卜和 150 g 圆白菜，也可以选择 150 g 韭菜和 150 g 黄瓜。

膳食宝塔中所标示的各类食物的建议量下限为能量水平 7 550 kJ（1 800 kcal）的建议量，上限为能量水平 10 900 kJ（2 600 kcal）的建议量。

（1）谷薯类及杂豆。谷薯类及杂豆包括小麦面粉、大米、玉米、高粱等及其制品，如米饭、馒头、烙饼、玉米面饼、面包、饼干、麦片等。薯类包括甘薯、马铃薯等，可替代部分粮食。杂豆包括大豆以外的其他干豆类，如红小豆、绿豆、芸豆等。谷类、薯类及杂豆是膳食中能量的主要来源。建议量是以原料的生重计算，如面包、切面、馒头应折合成相当的面粉量来计算，而米饭、大米粥等应折合成相当的大米量来计算。

谷类、薯类及杂豆食物的选择应重视多样化，粗细搭配，适量选择一些全谷类制品、其他谷类、杂豆及薯类，每 100 g 玉米掺和全麦粉所含的膳食纤维比精面粉分别多 10 g 和 6 g，因此建议每次摄入 50~100 g 粗粮或全谷类制品，每周 5~7 次。

（2）蔬菜。蔬菜包括嫩茎、叶、花菜类、根菜类、鲜豆类、茄果、瓜菜类、葱蒜类及菌藻类。深色蔬菜是指深绿色、深黄色、紫色、红色等颜色深的蔬菜，一般其含维生素和植物化学物质比较丰富。因此，在每日建议摄入的 300~500 g 新鲜蔬菜中，深色蔬菜最好占一半以上。

（3）水果。建议每天吃新鲜水果 200~350 g，在鲜果供应不足时可选择一些含糖量低的纯果汁或干果制品。蔬菜和水果各有优势，不能完全相互替代。

（4）肉类。肉类包括猪肉、牛肉、羊肉、禽肉及动物内脏类，建议每天摄入 40~75 g。目前我国居民的肉类摄入以猪肉为主，但猪肉含脂肪较高，应尽量选择瘦畜肉或禽肉。动物内脏有一定的营养价值，但因胆固醇含量较高，不宜过多食用。

（5）水产品类。水产品包括鱼类、甲壳类和软体类动物性食物。其特点是脂肪含量低，蛋白质丰富且易于消化，是优质蛋白质的良好来源。建议每天摄入量为 40~75 g，有条件可以多吃一些。

（6）蛋类。蛋类包括鸡蛋、鸭蛋、鹅蛋、鹌鹑蛋、鸽蛋及其加工制成的咸蛋、松花蛋等，蛋类的营养价值较高，建议每日摄入量为 40~50 g。

（7）乳类。乳类有牛奶、羊奶和马奶等，最常见的为牛奶。乳制品包括奶粉、酸奶、奶酪等，不包括奶油、黄油。建议量相当于液态奶 300 g、酸奶 360 g、奶粉 45 g，有条件可以多吃一些。婴幼儿要尽可能选用符合国家标准的配方奶制品。饮奶多者、中老年人、超重者和肥胖者建议选择脱脂或低脂奶。乳糖不耐受的人群可以食用酸奶或低乳糖奶及奶制品。

（8）大豆及坚果类。大豆包括黄豆、黑豆、青豆，其常见的制品包括豆腐、豆浆、豆腐干及千张等，推荐每日摄入 25~35 g 大豆。坚果包括花生、瓜子、核桃、杏仁、榛子等，由于坚果的蛋白质与大豆相似，有条件的居民可多吃些坚果，替代相应量的大豆。

（9）烹调油。烹调油包括各种烹调用的动物油和植物油，植物油包括花生油、豆油、菜籽油、芝麻油、调和油等，动物油包括猪油、牛油、黄油等。烹调油每天的建议摄入量为不超过 25 g 或 30 g，尽量少食用动物油。烹调油也应多样化，应经常更换种类，食用多种植物油。

（10）食盐。健康成年人一天食盐（包括酱油和其他食物中的食盐）的建议摄入量不超过 6 g。一般 20 mL 酱油中含 3 g 食盐，10 g 黄酱中含盐 1.5 g，如果菜肴需要用酱油和酱类，应按比例减少食盐用量。

3. 中国居民平衡膳食宝塔的应用

（1）确定适合自己的能量水平。膳食宝塔中建议的每人每日各类食物适宜摄入量范围适用于一般健康成人，在实际应用时要根据个人年龄、性别、身高、体重、劳动强度、季节等情况适当调整。年轻人、身体活动强度大的人需要的能量高，应适当多吃些主食；年老、活动少的人需要的能量少，可少吃些主食。能量是决定食物摄入量的首要因素，一般人们的进食量可自动调节，当一个人的食欲得到满足时，对能量的需要也就会得到满足。但由于人们膳食中脂肪摄入的增加和日常身体活动减少，许多人目前的能量摄入都超过了自身的实际需要。对于正常成人而言，体重是判定能量平衡的最好指标，每个人应根据自身的体重及变化适当调整食物的摄入，主要应调整的是含能量较高的食物。

中国成年人平均能量摄入水平是根据 2002 年中国居民营养与健康状况调查的结果进行适当修正形成的，它可以作为消费者选择能量摄入水平的参考。在实际应用时每个人要根据自己的生理状态、生活特点、身体活动程度及体重情况进行调整。

（2）根据自己的能量水平确定食物需要。膳食宝塔建议的每人每日各类食物适宜摄入量范围适用于一般健康成年人，按照 7 个能量水平分别建议了 10 类食物的摄入量，应用时要根据自身的能量需要进行选择。建议量均为食物可食部分的生质量。膳食宝塔建议的各类食物摄入量是一个平均值，每日膳食中应尽量包含膳食宝塔中的各类食物，但无须每日都严格按照膳食宝塔建议的各类食物的量吃。例如，鱼类食物制作比较麻烦，就不用每天都吃 40~75 g 鱼，可以改成每周吃 2~3 次鱼、每次 150~175 g 较为切实可行。实际上平日喜欢吃鱼的人多吃些鱼、愿吃鸡的人多吃些鸡都无妨，重要的是一定要遵循膳食宝塔各层中各类食物的大体比例。在一段时间内比如一周，各类食物摄入量的平均值应当符合膳食宝塔的建议量。

从事轻微体力劳动的成年男子如办公室职员等，可参照中等能量（2 400 kcal）膳食来安排自己的进食量；从事中等强度体力劳动者如钳工、卡车司机和一般农田劳动者可参照高能量（2 800 kcal）膳食进行安排；不参加劳动的老年人可参照低能量（1 800 kcal）膳食来安排。女性一般比男性的食量小，因为女性体重较轻及身体构成与男性不同。女性需要的能量往往比从事同等劳动的男性低 200 kcal 或更多些。

（3）同类互换，调配丰富多彩的膳食。人们吃多种多样的食物不仅是为了获得均衡的营养，也是为了使饮食更加丰富多彩以满足口味享受需求。假如人们每天都吃同样的 40 g 肉、30 g 豆，难免久食生厌，那么合理营养也就无从谈起了。宝塔包含的每一类食物中都有许多的品种，虽然每种食物都与另一种不完全相同，但同一类中各种食物所含营养成分往往大体上近似，在膳食中可以互相替换。

应用平衡膳食宝塔应当把营养与美味结合起来，按照同类互换、多种多样的原则调配一日三餐。同类互换就是以粮换粮、以豆换豆、以肉换肉。例如，大米可与面粉或杂粮互换，馒头可以和相应量的面条、烙饼、面包等互换；大豆可与相当量的豆制品或杂豆类互换；瘦猪肉可与等量的鸡、鸭、牛、羊、兔肉互换，鱼可与虾、蟹等水产品互换；牛奶可与羊奶、酸奶、奶粉或奶酪等互换。

多种多样就是选用品种、形态、颜色、口感多样的食物，变换烹调方法。掌握了同类互换、多种多样的原则就可以变换出数十种吃法，例如每日吃 30 g

豆类及豆制品可以全量互换，即全换成相当量的豆浆或熏干，今天喝豆浆、明天吃熏干；也可以分量互换，如 1/3 换豆浆、1/3 换腐竹、1/3 换豆腐；也可以早餐喝豆浆、中餐吃凉拌腐竹、晚餐再喝碗酸辣豆腐汤。

（4）要合理分配三餐食量。我国多数地区居民习惯于一天吃三餐，三餐食物量的分配及间隔时间应与作息时间和劳动状况相匹配。一般早、晚餐各占30%，午餐占 40% 为宜，特殊情况可适当调整。通常上午的工作、学习都比较紧张，营养不足会影响工作、学习效率，所以早餐应当是正正经经的一顿饭。早餐除主食外，至少应包括奶、豆、蛋、肉中的一种并搭配适量蔬菜或水果。

（5）要因地制宜充分利用当地资源。我国幅员辽阔，各地的饮食习惯及物产不尽相同，只有因地制宜、充分利用当地资源才能有效地应用平衡膳食宝塔。例如，牧区奶类资源丰富，可适当提高奶类摄取量；渔区可适当提高鱼及其他水产品摄取量；农村山区则可利用山羊奶以及花生、瓜子、核桃、榛子等资源。在某些情况下，由于地域、经济或物产所限无法采用同类互换时，也可以暂用豆类代替乳类、肉类；或用蛋类代替鱼、肉；不得已时也可用花生、瓜子、榛子、核桃等干坚果代替肉、鱼、奶等动物性食物。

（6）要养成习惯，长期坚持。膳食对健康的影响是长期的结果。应用平衡膳食宝塔需要自幼养成习惯，并坚持不懈，才能充分体现其对健康的重大促进作用。宝塔建议的各类食物的摄入量一般是指食物的生重。各类食物的组成是根据全国营养调查中居民膳食的实际情况计算的，所以每一类食物的质量不是指某一种具体食物的质量。

①谷类。谷类是面粉、大米、玉米粉、小麦、高粱等的总和。它们是膳食中能量的主要来源，在农村往往是膳食中蛋白质的主要来源。多种谷类掺着吃比单吃一种好，特别是以玉米或高粱为主要食物时，应当更重视搭配一些其他的谷类或豆类食物。加工的谷类食品如面包、烙饼、切面等应折合成相当的面粉量来计算。

②蔬菜和水果。蔬菜和水果经常被人们放在一起吃，因为它们有许多共性。但蔬菜和水果终究是两类食物，各有优势，不能完全相互替代。尤其是儿童，不可只吃水果不吃蔬菜。蔬菜、水果的质量按市售鲜重计算。一般说来，红、绿、黄色较深的蔬菜和深黄水果含营养素比较丰富，所以应多选用深色蔬菜和水果。

③鱼、肉、蛋。鱼、肉、蛋大致可归为一类，主要提供动物性蛋白质和一些重要的矿物质和维生素，但它们彼此间也有明显区别。鱼、虾及其他水产品脂肪含量很低，有条件可以多吃一些。这类食物的质量是按购买时的鲜重计算。肉类包含畜肉、禽肉及内脏，质量是按屠宰清洗后的质量来计算。这类食

物尤其是猪肉脂肪含量较高，所以生活富裕时也不应吃过多肉类。蛋类胆固醇含量相当高，一般每天不超过一个为好。

④奶类和豆类食品。奶类及奶制品当前主要包含鲜牛奶和奶粉。宝塔建议的 100 g 按蛋白质和钙的含量来折合约相当于鲜奶 200 g 或奶粉 28 g。中国居民膳食中普遍缺钙，奶类应是首选补钙食物，很难用其他食物代替。有些人饮奶后有不同程度的肠胃不适，可以试用酸奶或其他奶制品。豆类及豆制品包括许多品种，可根据其提供的蛋白质折合为相应的大豆或豆腐干等。

第二节　膳食营养与慢性病防治

一、肥胖症

肥胖是体内脂肪组织过多堆积使体重超过正常值的一种状态。当人体摄入的能量多于消耗量时，多余的能量即以脂肪的形式贮存于体内，因此肥胖是与人体中脂肪的量密切相关的，脂肪量的多少是肥胖的主要表征。在我国，单纯性肥胖儿童急剧增加，成为人们关注的公共卫生问题。肥胖按发生的原因可分为遗传性肥胖、继发性肥胖和单纯性肥胖。

正常人体的脂肪是有一定的变化规律的。刚出生时，人体脂肪约占体重的 12%，新生儿期体脂迅速增加，在 6 月龄时达到高峰，大约占 25%，然后在青春期前下降到 15%~18%。青春期女性增加至 20%~25%，成年期后脂肪量升高至体重的 30%~40%，而体重只增加 10%~15%，此时人的肥胖发生概率增大，特别是 40 岁以后。

体脂比例与运动和体力活动的能量消耗及膳食摄入量的多少有关，造成肥胖的原因主要有遗传因素和环境因素。环境因素包括膳食结构、饮食习惯、体力活动及锻炼、生活方式及精神引起的生理功能阻碍等，各个方面会形成综合的作用。"多吃"与"少动"是两个重要的原因。

（一）肥胖的评定标准

世界卫生组织建议，用体重指数（BMI）来衡量身体是否肥胖（表 4-1）。BMI（Body Mass Index）是指 20 岁以上的人相对于身高的平均体重。计算公式为：

$$BMI = 体重（kg）/身高^2（m^2）$$

表4-1 体重判断标准（BMI 值）

BMI 值	<16	16~16.9	17~18.49	18.5~24.9	25~29.9	30~34.9	35~39.9	>40
营养状态	重度	中度	轻度	正常	超重	轻度	中度	重度
	营养缺乏					肥胖		

BMI 值在 18.49 以下越低或在 25 以上越高则患病的概率越大。注意：

（1）BMI 不能判断体内到底有多少脂肪和脂肪所在的位置。

（2）BMI 不适用于运动员、孕妇和乳母以及 65 岁以上的老人。

（3）亚洲人的正常 BMI 值上限比欧美人要低 2 个指数，即 BMI 在 18.5~22.9 时为正常，>23 时为超重，以此类推。

最新研究表明，通过测量腰围来确定身体脂肪的分布更准确。腰围是内脏脂肪量的一个标准，测量腰围可以准确估计体内中心脂肪的情况。腰围在一定值以上时患病的危险性就会增加，甚至对 BMI 值在正常范围的人也是如此。

测量方法：用尺子测量肚脐部位的腰围。

健康分界值：男性≤102 cm；女性≤88 cm

腰围大于此标准则患病的危险性增大，腰围越大危险性就越大。中心肥胖比其他形式的肥胖危害更大。

（二）肥胖对健康的危害

一般情况下，体重偏高稍胖一些，但没有任何症状或不适，这对健康并无大碍；如果长期明显肥胖，则可能会带来一系列的健康问题。肥胖除对工作和生活带来诸多不便外，更是高血脂、冠心病、高血压、卒中、糖尿病（非胰岛素依赖型）、胆囊炎、骨关节炎等许多非传染性慢性疾病发病的主要危险因素。对腹式肥胖者，体脂呈向心系性分布，集中在腹部和内脏，肥胖同时常并发其他病症；而肥胖堆积于臀与股的，肥胖同时并发其他病症较少。肥胖还可引起严重的心理损伤，尤其是儿童肥胖不仅影响身体的发育与健康，而且会降低活动、生活和学习的能力，因此肥胖的预防应从儿童开始。

（三）肥胖症患者的饮食调控原则

（1）控制总摄入能量。根据病情进行阶段性能量限制，一般以标准体重决定合适的能量。摄入量及每天摄入的能量（kcal）= 理想体重（kg）×（20~25）（1 kcal = 4.185 kJ），但在实际操作中为避免能量摄入过低，一般规定年轻男性每天的摄入低限为 6 696 kJ（1 600 kcal）、年轻女性为 5 859 kJ（1 400 kcal）；成年人以每月稳步减肥 0.5~1 kg 为宜；对中年以上的肥胖者，宜每周减肥 0.1~1 kg（理想体重的计算见糖尿病的饮食调控原则部分）。

（2）限制碳水化合物供给。碳水化合物宜占膳食总能量的 60%，重度肥胖症者的碳水化合物至少应占 20%；应限制单糖的摄入，坚持多糖膳食，多吃膳食纤维丰富的食物。

（3）限制蛋白质的摄入。采用低能膳食的中度以上肥胖者，蛋白质供能应控制在总能量的 25% 为宜，且要保证优质蛋白，如乳、鱼、鸡、鸡蛋清、瘦肉等的摄入。

（4）严格限制脂肪的摄入。脂肪供能应控制在总能量的 15% 左右，尤其需限制动物脂肪、饱和脂肪酸的摄入，应多吃瘦肉，少吃肥肉等油脂含量高的食物；膳食胆固醇的供给量每人每日应低于 300 mg，即使肥胖患者无心血管疾病、无高胆固醇血症，也应控制在 500 mg 以内。

（5）多吃新鲜蔬菜和水果。有针对性地补充所需的维生素与微量元素，防止出现维生素与微量元素缺乏症。

（6）烹调方法。宜采用蒸、煮、烧、烤等，忌用油煎、炸等。

（7）纠正不良饮食习惯。避免暴饮暴食、吃过多零食、挑食、偏食等。

（8）坚持适度运动。长期低强度体力活动（如散步、骑自行车等）与高强度体育活动一样有效，贵在持之以恒；运动疗法和饮食疗法并用，更有效。

二、高血压

（一）高血压的病症

高血压是指体循环动脉血压高于正常值的一种常见临床症候群。高血压是当今世界上威胁人类健康的重要疾病之一，全世界有 4 亿~5 亿高血压患者。只要收缩压 ≥ 1.87×10^4 Pa（140 mmHg）或舒张压 ≥ 1.2×10^4 Pa（90 mmHg），即可诊断为高血压。高血压的病因很多，如皮下层血管舒张收缩中枢的功能失调，使全身各部分细小动脉痉挛，促使血压升高。

精神过度紧张和体力活动减少，也可能引起高血压。还可能与遗传和环境因素有关，而饮食不当也是高血压的一个重要原因。高血压的主要症状是头晕、头痛、头胀、记忆力减退、乏力、心悸，有的则会引起恶心、呕吐、失语、失眠，有的因心脏受累而出现心衰竭、心绞痛和心肌梗死等。

（二）高血压患者的饮食调控原则

（1）控制总能量的摄入，达到并维持理想体重。

（2）补充适量的蛋白质。每日约 1 g/kg 体重，可多选豆腐及豆制品、脱脂牛乳、酸牛乳、鱼虾等；如高血压并发肾功能不全，则应限制植物蛋白的摄入，更多摄入富含优质蛋白的动物类食物，动物蛋白选用鱼、鸡、牛肉、鸡蛋白、牛奶、猪瘦肉等。

（3）减少脂肪摄入，限制胆固醇摄入。建议多食用植物油，限制动物脂肪摄入，脂肪供给 40~50 g/d，胆固醇应在 300~400 mg/d。

（4）进食多糖类食物，限制单糖和双糖的摄入，多吃高纤维膳食。

（5）严格控制钠盐的摄入。对轻度高血压或有高血压家族史者，每日供给食盐以 3~5 g 为宜；中度高血压者，每日 1~2 g 食盐（折合酱油 5~10 mL）；重度高血压者，应给予无盐膳食。

（6）多吃富含钾、钙、镁的食物。

（7）多吃新鲜蔬菜和水果，以补充足量维生素 C。

（8）节制饮食，定时定量进食，不过饥过饱，不暴饮暴食，不挑食偏食，清淡饮食。

（9）禁忌浓茶、咖啡，戒烟忌酒。

（10）多吃能保护血管和降压降脂的食物，降压食物有芹菜、胡萝卜、西红柿、荸荠、黄瓜、木耳、海带、香蕉等；降脂食物有山楂、香菇、大蒜、洋葱、海鱼、绿豆等。

（11）禁食过咸食物及腌制品、海米、皮蛋、含钠高的绿叶蔬菜以及辛辣的刺激性食品。

（12）饮食上宜少量多餐，每天 4~5 餐为宜，避免过饱。

三、高脂血症

（一）高脂血症的病症

血液中脂质增高称为高脂血症，是脂质代谢失调的表现。它与多种疾病有密切关系，而最受重视的要算与动脉粥样硬化症的关系。高脂血症是一个总的名称，主要包括高胆固醇血症、高甘油三酯血症及高脂蛋白血症。[1] 血液中的脂质（包括胆固醇、甘油三酯和磷脂等）必须与某些特异的蛋白质结合成脂

---

[1] 赵建春. 食品营养与安全卫生 [M]. 北京：旅游教育出版社，2013：116.

蛋白才能进行运转。脂蛋白可分为：乳糜微粒，主要来源于食物的脂肪颗粒；极低密度脂蛋白（VLDL），主要含来自肝脏合成的内源性甘油三酯；低密度脂蛋白（LDL），主要含胆固醇；高密度脂蛋白（HDL），主要含蛋白质。低密度脂蛋白是致动脉粥样硬化的主要脂蛋白，对冠心病的发病是不利因素。脂质沉积于动脉管壁继而形成硬化斑块，主要是低密度脂蛋白胆固醇的作用。高密度脂蛋白与冠心病的发病呈负相关的关系，有防止脂质在动脉管壁沉积的作用，因此可以防止动脉粥样硬化。

机体的热能摄入量大于消耗时，超过需要的多余部分的热能以甘油三酯的形式贮存于脂肪细胞中，从而引起肥胖，肥胖又导致血清甘油三酯和胆固醇的含量增高。患有肝肾疾病、糖尿病、甲状腺功能减退患者，引起脂质代谢失常，也会引起血脂增高。高脂血症和高脂蛋白血症容易导致动脉粥样硬化和冠心病，对健康具有很大的潜在威胁。

（二）高脂血症患者的饮食调控原则

（1）限制脂肪的摄入。每天脂肪摄入量可控制在总能量的20%～25%，每日20～30 g，尤其应限制饱和脂肪酸的摄入。

（2）限制胆固醇的摄入。每天膳食胆固醇供给量一般在300 mg；对高胆固醇血症病人，宜采用低胆固醇膳食，每天胆固醇摄入应少于200 mg。富含胆固醇的食物有蛋黄、奶油、动物脑、鱼子、动物内脏，尤其是动物肝脏。

（3）增加膳食纤维的摄入。配餐要坚持粗细搭配，提倡食用全麦糙米、粗粮、粗面、绿色蔬菜及水果。

（4）限制能量的摄入。同时增加运动以消耗能量，达到控制体重的目的。

四、动脉粥样硬化

（一）动脉粥样硬化的病症

动脉粥样硬化是指以动脉壁变厚进而失去弹性为特征的一组疾病，动脉粥样硬化是动脉硬化中最常见和最严重的一种类型，动脉内壁有胆固醇等脂质沉着，看起来像黄色粥样，故称为动脉粥样硬化。动脉粥样硬化是造成冠心病和脑血管意外的主要原因，是生命老化的现象。本病的发病是一个缓慢的过程，早期可能无任何明显症状或表现轻微，主要造成三种临床表现：脑卒中、冠心病和周围性血管性疾病。

动脉粥样硬化病因很多，主要是由于脂质代谢紊乱、血液动力学改变和动脉壁本身的变化等。在高脂血症患者中易得此病，这与进食过多的富含动物脂肪的食物有关。老年人动脉壁代谢失调，脂质容易在动脉壁上沉积，所以也易患此病。

（二）动脉粥样硬化患者的饮食调控原则

（1）限制总能量摄入，保持理想的体重。

（2）限制脂肪和胆固醇的摄入，使脂肪供能占总能量的 25% 以下。

（3）多吃植物性蛋白质，尤其是大豆及豆制品，少吃甜食，限制单糖和双糖的摄入。

（4）保证充足的膳食纤维（尤其是可溶性膳食纤维）和维生素的摄入，多吃蔬菜、水果，适当吃粗粮。

（5）饮食宜清淡、少盐，每日食盐量应限制在 6 g 以下。

（6）适当多吃大蒜、洋葱、香菇、木耳等保护性食物，严禁酗酒，若饮酒应适量或只饮低度酒。

五、骨质疏松症

（一）骨质疏松的病症

骨质疏松症是以骨组织量减少、骨微观结构退化为特征，致使骨的脆性及骨折危险性增加的全身性骨骼疾病。骨质疏松症是老年人和绝经后妇女最为常见的一种骨代谢性疾病，目前在世界常见病、多发病中位居第七位。随着人口的老龄化，骨质疏松症的患者也会呈逐年增加的趋势。骨质疏松症最严重的后果是骨折，特别是髋骨骨折，造成长期病态。

（二）骨质疏松症患者的饮食调控原则

（1）保证充足的食物钙摄入。推荐每日钙的摄入量为：成人 800 mg/d，儿童 600~1 000 mg/d，青少年 1 000~1 200 mg/d，孕妇与乳母 1 500 mg/d。富含钙的食物有乳及乳制品、豆及豆制品、虾皮、海带等。若从食物获取钙量不够，应每日补充钙剂。

（2）补充维生素 D 的摄入。鲱鱼、鲑鱼、沙丁鱼、鱼肝油含维生素 D 丰富，鸡蛋、牛肉、黄油和植物油也含有少量维生素 D，也可选用人工强化维生素 D 的食品如牛乳、乳粉、各类巧克力等。

（3）增加膳食中优质蛋白质和维生素 C 的摄入。

（4）适量磷的摄入。磷是人体钙磷代谢中不可缺少的营养素，成人每日磷推荐摄入量为 800 mg。

（5）适量增加运动，促进钙的吸收。

六、糖尿病

（一）糖尿病的病症

糖尿病是由于体内胰岛素分泌不足（缺乏）或相对不足（胰岛素受体敏感性降低）而引起的以糖、蛋白质及脂肪代谢紊乱为主的一种综合征。其主要特征是高血糖和糖尿，典型的糖尿病症状是"三多一少"：多尿、多饮、多食、消瘦乏力。糖尿病临床上分为胰岛素依赖型（Ⅰ型）和非胰岛素依赖型（Ⅱ型）两种类型，前者多发生于青少年，血糖波动大，需依赖注射胰岛素；后者多发生于40岁以后的成年人，占糖尿病总人数的80%～90%，发病前多肥胖，一般不需外源型胰岛素。

糖尿病人由于脂肪代谢紊乱、合成减少、分解增加，导致酮症，引起酸中毒，并因胆固醇合成旺盛，形成高胆固醇血症。由于病人的葡萄糖利用减少，迫使部分蛋白质氧化供热，加上蛋白质合成减弱、分解增加，从而引起负氮平衡，致使患者抵抗力下降，伤口不易愈合，容易引起皮肤感染、泌尿道感染、胆囊炎、肺结核、心血管疾病、肾脏病变、白内障及视网膜病变等。糖尿病是个终身疾病，目前尚不能根治。在临床上强调早期、综合、长期、个体化治疗原则，治疗措施有药物和营养治疗、适度的运动及进行健康教育和心理治疗。

（二）糖尿病的饮食调控目标

接近或达到血糖正常水平；保护胰岛 β-细胞，增加胰岛素的敏感性，使体内血糖、胰岛素水平处于一个良性循环状态；维持或达到理想体重；接近或达到血脂正常水平；预防和治疗慢性并发症，如血糖过低、血糖过高、高脂血症、心血管疾病、眼部疾病等；全面提高体内营养水平，增强机体抵抗力，保持身心健康，维持正常活动，提高生活质量。

（三）糖尿病患者的饮食调控原则

（1）合理控制能量的摄入——糖尿病的基础治疗。体重是评价总能量摄入是否合理的简便有效的指标，建议每周称1次体重，并根据体重不断调整食物摄入量和运动量，肥胖者应逐渐减少能量摄入并注意增加运动，使体重逐渐下降至正常标准的±5%左右，孕妇、乳母、营养不良及消瘦者、伴消瘦性疾病而体重明显低于标准体重者，能量摄入可增加10%～20%，使病人适应生理需要和达到理想体重。糖尿病人应根据个人身高、体重、年龄、劳动强度并结合病情和营养状况确定每日能量摄入量。年龄超过 50 岁者，每增加 10 岁，比规定值酌情减少 10% 左右。

（2）合理控制碳水化合物的摄入——糖尿病治疗的关键。碳水化合物供能应占总能量的 50%~60%，根据病人的病情、总能量及空腹血糖的高低来选择比例。每日碳水化合物进食量宜控制在 210~300 g，折合主食 300~400 g。肥胖者可酌情控制在 150~180 g/d，折合主食 200~500 g/d，对米、面等谷类按规定量食用。蔬菜类可适量多用，喜欢甜食者可选用甜叶菊、木糖醇、阿斯巴甜或甜蜜素；最好选用吸收较慢的多糖，如玉米、荞麦、燕麦、莜麦、甘薯等；注意在食用马铃薯、山药、藕等含淀粉较多的食物时要替代部分主食；限制蔗糖、葡萄糖的摄入，如含糖量在 10%~20% 的广柑、苹果、香蕉，空腹血糖控制不理想者应慎用，而空腹血糖控制较好者应限量食用；对于蜂蜜、白糖、红糖等精制糖应忌食。

（3）蛋白质的适量摄入。糖尿病患者的蛋白质供应量为 1 g/（kg·d），蛋白质所供能量占总能量的 12%~15%。儿童、孕妇、乳母、营养不良及消耗性疾病者，可酌情增加 20%。多选用大豆及豆制品、兔、鱼、禽、瘦肉等优质蛋白质，至少占 1/3。

（4）控制脂肪和胆固醇的摄入。每天脂肪供能应占总能量的 20%~30%，如高脂血症伴肥胖、动脉粥样硬化或冠心病者，脂肪摄入量宜控制在总能量的 25% 以下；同时，要严格控制饱和脂肪酸摄入，使其不超过总能量 10%，一般建议饱和脂肪酸、单不饱和脂肪酸、多不饱和脂肪酸之间的比例为 1:1:1，每日植物油用量宜 20 g 左右；每天胆固醇的摄入量在 300 mg 以下。富含饱和脂肪酸的牛油、羊油、猪油、奶油等应控制摄入，可适量选用豆油、花生油、芝麻油、菜籽油等含有较多不饱和脂肪酸的植物油。

（5）增加可溶性膳食纤维的摄入。建议每日膳食纤维供给量为 35~40 g；含可溶性纤维较多的食物有南瓜、糙米、玉米面、魔芋、整粒豆、燕麦麸等。

（6）保证丰富的维生素和矿物质。提倡食用富含维生素 B_1 和维生素 B_2 的食物，如芦笋、牛肝、牛乳、羔羊腿等，以及富含维生素 C 的食物如花椰菜、甘蓝、枣类、木瓜、草莓等；注意补充锌、铬、镁、锂等微量元素。

（7）食物多样化。糖尿病人每天都应吃到谷薯、蔬菜、水果、大豆、乳、瘦肉（含鱼、虾）、蛋、油脂八类食物，每类食物选用 1~3 种。

（8）急重症糖尿病患者的饮食摄入应在医师或在职营养专业人员的严密监视下进行。

（9）糖尿病患者的食谱常采用食品交换份法和营养成分法编制。

（四）糖尿病患者的饮食计算

1. 能量计算

根据病人的年龄、性别、身高、实际体重、工作性质来计算能量的摄入量。

第一步：确定理想体重。

理想体重（kg）=身高^2（m^2）×22.2（适用于成年男性）

理想体重（kg）=身高^2（m^2）×21.9（适用于成年女性）

理想体重（kg）=身高^2（cm^2）-105（适用于成年男性）

理想体重（kg）=［身高^2（cm^2）-100］×0.9（适用于成年女性）

第二步：根据体质指数确定体型是肥胖型还是消瘦型。

第三步：根据表4-2确定每日每千克标准体重所需能量。

表4-2 糖尿病患者每日能量摄入量［kJ（kcal）/kg 理想体重］

体型	卧床休息	轻体力劳动	中等体力劳动	重体力劳动
低体重	84~105（20~25）	146（35）	167（40）	188~209（45~50）
正常	63~84（15~20）	125（30）	146（35）	167（40）
超重和肥胖	63（15）	84~105（20~25）	125（30）	146（35）

第四步：计算每日所需的总能量。

每日所需总能量=理想体重（kg）×每千克理想体重所需要的能量

2. 碳水化合物、蛋白质、脂肪的计算

根据三者占总能量分配比例，结合病情计算出各自的需要量。碳水化合物、蛋白质每克产生能量16.73 kJ（4 kcal），脂肪每克产生能量37.67 kJ（9 kcal）。在设计膳食时，先计算碳水化合物量，再计算蛋白质质量，最后用炒菜油补足脂肪的需要量。

3. 餐次分配

每天至少进食3餐，且定时定量。用胰岛素治疗的病人和易发生低血糖的病人，应在正餐之间加餐，加餐量应从原三餐定量中分出，不可另外加量。三餐饮食均匀搭配，每餐均应有碳水化合物、蛋白质和脂肪。早、中、晚餐膳食可按20%、40%、40%分配，也可按30%、40%、30%分配。

七、癌症

癌症是威胁人类健康与生命的主要疾病之一。研究表明，在引起癌症发病的因素中，除环境因素是重要因素外，1/3的癌症发病与膳食有关。膳食摄入物的成分、膳食习惯及营养素摄入不足/过剩或营养素的摄入不平衡都可能与癌症发病有关。减少人类癌症危险的两条途径，一是避免接触致癌因子，其中最主要的是烟草，其次是生物因子，如病毒和细菌；二是经常摄入具有预防癌症作用的食物。

（一）食物中抑癌物

1. 多糖

膳食纤维与膳食淀粉的摄入量与结肠癌、直肠癌的发生呈显著的负相关。保护作用的机制可能是进入结肠的多糖通过发酵产生短链脂肪酸（乙酸、丙酸和丁酸等），从而使结肠内的酸度升高，降低二级胆酸的溶解度和毒性。丁酸有抑制 DNA 合成及刺激细胞分化的作用，从而产生某种保护效应。植物多糖如枸杞多糖、香菇多糖、黑木耳多糖等生理活性物质，对抑癌、抗癌等具有很好的功效。

2. 水果和蔬菜中的抑癌物

蔬菜和水果的有益保护作用可能基于在体内短期和中期贮藏的多种成分，如水果、蔬菜中含有大量的抗氧化剂：维生素 C、维生素 E、类黄酮、β-类胡萝卜素等。具有较强防癌价值的蔬菜和水果有绿叶蔬菜和柑橘类水果等。

3. 微量元素

目前已知在膳食防癌中有重要作用的微量元素有硒、碘、钼、锗、铁等。硒可防止一系列化学物质致癌作用，阻止诱发肿瘤；碘可预防甲状腺癌；钼可抑制食管癌的发病率；缺铁常与食道和胃部肿瘤有关等。

（二）预防癌症的饮食调控原则

（1）食物多样化。吃多种蔬菜、水果、豆类和粗加工的富含淀粉的主食，以营养丰富的植物性食物为主。

（2）维持适宜体重。成人平均体重指数（BMI）在 18.5~24 范围内，整个成人期体重增加值不要超过 5 kg。

（3）多吃蔬菜和水果。全年每天吃 400~800 g 蔬果，每天保持 3~5 种蔬菜、2~4 种水果，尤其注意摄取富含维生素 A 的深色蔬菜和富含维生素 C 的水果。

（4）其他植物性食物。吃多种来源的淀粉或富含蛋白质的植物性食物，尽可能少吃加工食品，限制甜食的摄入，使其提供能量占总能量的 10% 以下。

（5）酒精饮料。建议不要饮酒，尤其反对过度饮酒，孕妇、儿童、青少年不应饮酒；如要饮酒，应尽量减少用量，男性每天饮酒不要超过一天总摄入能量的 5%，女性不要超过 2.5%。

（6）肉食。每天红肉（指牛、羊、猪肉及其制品）摄入量在 80 g 以下，所提供的能量应占总摄入能量的 10%以下，尽可能选择禽、鱼肉。

（7）总脂肪和油。所提供能量应占总能量的 15%~30%，尤其要限制动物脂肪的摄入，植物油也要限量。

（8）食盐。成人每天吃盐不要超过 6 g。

（9）食物的贮藏保存。未吃完的易腐食物应及时冷藏、冷冻保存，防止受到霉菌污染，不要吃有霉变的食物。

（10）定期对食物中的农药及其残留物、食物添加剂、其他化学污染物的含量进行监测，不选择超标的食物。

（11）食物制备加工。烹调鱼、肉的温度不要太高，不要吃烧焦的食物。尽量少吃烤肉、腌腊食品。

（12）必要时可适当应用膳食补充剂预防肿瘤。

第三节 营养食谱的设计

营养配餐就是按照人们身体的需要，根据食物中各种营养物质的含量设计一天、一周或一个月的食谱，使人体摄入的蛋白质、脂肪、碳水化合物、维生素和矿物质等营养素比例合理，即达到膳食平衡。

一、营养食谱设计的理论依据

（一）膳食营养素参考摄入量（DRIs）

膳食营养素参考摄入量是一组每日平均膳食营养素摄入量的参考值，它是在推荐的营养素供给量（RDAs）基础上发展起来的，包括四项内容，即平均需要量（EAR）、推荐摄入量（RNI）、适宜摄入量（AI）和可耐受最高摄入量（UL）。制定 DRIs 的目的在于更好地指导人们合理膳食，因此，DRIs 是营养配餐中能量和主要营养素需要量的确定依据。编制食谱时，首先以各营养素的 RNI 为依据确定需要量，一般以能量需要量为基础。制定出食谱后，还需要以各营养素的 RNI 为参考评级，判断食谱制定是否合理，如果与 RNI 相差不超过±10%，则说明食谱编制合理，否则需要加以调整。

（二）膳食指南和平衡膳食宝塔

膳食指南本身就是合理膳食的基本规范，为了便于宣传普及，它将营养理论转化为一个通俗易懂、简明扼要的可操作性指南，其目的就是合理营养、平衡膳食、促进健康。因此，膳食指南的原则就是食谱编制的原则，营养食谱的制定需要根据膳食指南考虑食物种类、数量的合理搭配。

平衡膳食宝塔是膳食指南量化和形象化的表达，是人们在日常生活中贯彻膳食指南的工具。宝塔建议的各类食物的数量以人群膳食实践为基础，又兼顾食物生产和供给的发展，具有实际指导意义。同时膳食宝塔还提出了实际应用时的具体建议，如同类食物互换的方法，对制定营养食谱具有实际指导作用。根据平衡膳食宝塔，我们可以很方便地制定出营养合理、搭配适宜的食谱。

（三）中国食物成分表

食物成分表是营养配餐工作必不可少的工具。要进行营养配餐，首先要了解和掌握食物的营养成分。中国疾病预防控制中心营养与食品安全所于 2002 年发布了《中国食物成分表》[1]，所列食物仍以原料为主，各项食物都列出了产地和食部。"食部"是指按照当地的烹调和饮食习惯，把从市场上购买的样品去掉不可食的部分之后，所剩余的可食部分所占的比例。列出食部比例是为了便于计算食品每千克的营养素含量。食品的食部不是固定不变的，它会因食物的运输、储藏、加工处理不同而有改变。在编制营养食谱时，可根据食物成分表将营养素的需要量转换为食物需要量，从而确定食物的品种和数量。在进行食谱评价时，也需要参考食物成分表评价各种营养素是否能满足人体需要。

（四）营养平衡理论

1. 膳食中三大产能营养素需要量保持一定比例平衡

膳食中三大产能营养素蛋白质、脂肪和碳水化合物对人体具有重要的生理调节作用。在营养配餐中，这三种产能营养素必须保持一定的比例，才能保证膳食平衡，否则不利于身体健康。

2. 膳食中优质蛋白质所占比例合理

动物性食物和大豆蛋白质含有人体所需的 9 种必需氨基酸，且比例合适，利用率高，称为优质蛋白。常见食物蛋白质的氨基酸组成都不能完全符合人体的需要比例，多种食物混合食用才能优化膳食蛋白质，更有益于人体健康。因

---

❶　周洁. 食品营养与安全［M］. 北京：北京理工大学出版社，2018：96.

此，在膳食构成中要注意将动物性蛋白质、大豆蛋白质和一般蛋白质进行适当的搭配，保证优质蛋白质占总蛋白质供给量的1/3以上。

3. 饱和脂肪酸、单不饱和脂肪酸和多不饱和脂肪酸之间比例适宜

一般认为，脂肪提供人体总能量的20%～30%，其中饱和脂肪酸提供的能量占总能量的7%左右，单不饱和脂肪酸提供的能量占总能量的比例在10%以内，剩余的能量由多不饱和脂肪酸提供为宜。动物脂肪相对含饱和脂肪酸和单不饱和脂肪酸多，多不饱和脂肪酸含量较少，而植物油主要含不饱和脂肪酸，因此，在食谱编制过程中应注意荤素搭配，保证各类脂肪酸的适宜比例。

二、营养食谱设计的主要原则

（一）营养平衡

编制营养食谱首先要保证营养平衡，膳食营养的补充既要获得足够的能量，同时也要注意蛋白质、维生素和矿物质的补充，充分考虑营养效价和营养的互补。

（1）满足人体能量和营养素的需求。膳食应满足人体对能量及各种营养素的需求，而且数量要充足。要求符合或基本符合RNI和AI，允许的浮动范围在参考摄入量规定的±10%以内。

（2）膳食中供能食物比例适当。碳水化合物、蛋白质、脂肪是膳食中提供能量的营养物质，因此，在膳食中三大产能营养素应符合并满足人体的生理需要。

（3）蛋白质和脂肪的来源与食物构成合理。人体所需要的蛋白质和脂肪在数量和质量上都应符合人体需要。我国居民所遵循的是以植物性食物为主的膳食结构，为保证蛋白质质量，动物性食物和大豆蛋白质应占食物总量的40%以上，至少要达到1/3以上，否则难以满足人体需求。为保证每天膳食能摄入足够的不饱和脂肪酸，必须保证1/2的油脂源于植物油。

（4）每日三餐能量分配合理。应该定时定量进餐，三餐的分配应该合理。比较合理的三餐分配是早餐和晚餐较少，分别占一天总能量的30%，午餐稍多，占一天总能量的40%。在具体配餐时，根据配餐的人群不同，三餐的能量分配比例可以进行适当的调整。

（二）花色多样

食物多样化是营养配餐的重要原则，也是实现合理营养的前提。中华民族的传统烹饪就充分体现了食物多样性的原则，只有多品种地选用食物，并合理

地搭配，才能为就餐者提供花色品种繁多、营养平衡的膳食。

（三）饭菜适口

饭菜的适口性是营养配餐的另一个重要原则，重要性不低于营养供给。因为就餐者对食物的直接感受首先就是适口性，然后才能体现营养效能。只有首先引起食欲，让就餐者喜爱富有营养的饭菜，并且能摄入足够的量，才有可能达到预期的效果。因此，在可能的情况下要注重烹调的方法，做到色、香、味、形俱佳，油盐不过量。

（四）适应经济条件

食谱既要符合营养要求，又要使进餐者在经济上有承受能力。饮食消费水平过低，不能满足人体对营养的基本需求，饮食消费过高又会超出实际经济承受能力。在膳食调配过程中，必须考虑就餐者的实际经济状况，在其经济可能承受的范围内进行科学的营养配餐。

第五章　影响食品安全的主要因素

　　食品是人类赖以生存和发展的物质基础。随着经济的发展、文化的进步、生活水平的提高，人们越来越注重自身的饮食和健康，食品安全问题也日渐凸显，人们的观念已经从吃得饱转变为如何吃得好、吃得安全。近年来，食品安全日益成为社会、政府关注的焦点之一。本章对影响食品安全的主要因素进行了分析与总结。

第一节　生物因素对食品安全的影响

一、生物性食品安全危害概述

　　食品在种植、生产、加工、包装、储运、销售、烹饪的各个环节中，都可能因外来的生物性有害物质混入、残留或产生新的生物有害物质，对人体健康产生危害，此称为生物性食品安全危害。

　　生物性食品安全危害的主要问题是导致食源性疾病。凡是通过摄食而进入人体的病原体，使人出现感染性或中毒性疾病，这类疾病统称为食源性疾病。引起食源性疾病爆发的因素主要有微生物、化学物、动植物等，大多数食源性疾病是由细菌、病毒、蠕虫和真菌引起。

二、影响食品安全的生物因素及其影响表现

　　影响食品安全的生物因素，包括细菌、真菌毒素、病毒、寄生虫及食品害虫等。

（一）细菌与食品安全

细菌是污染食品和引起食品腐败变质的主要微生物类群，因此，多数食品卫生的微生物学标准都是针对细菌制定的。食品中细菌来自内源和外源的污染，而食品中存活的细菌只是自然界细菌中的一部分。这部分在食品中常见的细菌，在食品卫生学上被称为食品细菌。食品细菌包括致病菌、相对致病菌和非致病菌，有些致病菌还是引起食物中毒的原因。它们既是评价食品卫生质量的重要指标，也是食品腐败变质的主要原因之一。

世界各地细菌性食物中毒案例频繁发生，我国发生的细菌性食物中毒以沙门氏菌、变形杆菌和金黄色葡萄球菌为主，其次为副溶血弧菌、蜡样芽孢杆菌等。

1. 细菌性因素引起的食物中毒的特点

第一，一般常见的细菌性食物中毒发病特点为潜伏期短、发病突然、病程短（多数在2~3日内自愈）、恢复快、愈后好、病死率低。但李斯特菌、肉毒梭菌等食物中毒病程长、病情重、恢复慢。

第二，细菌性食物中毒全年皆可发生，但多发生于夏秋季；根据临床表现的不同分为胃肠型食物中毒和神经型食物中毒。这与夏季气温高、细菌易大量繁殖密切相关，也与机体防御功能降低、易感性增高有关。

第三，引起细菌性食物中毒的主要食品多为动物性食品，其中畜肉类及其制品居首位，其次为禽肉、鱼、乳、蛋类；少数是植物性食物，如剩饭、糯米、凉糕。面类发酵食品则易出现金黄色葡萄球菌、蜡样芽孢杆菌等引起的食物中毒。

2. 细菌性食物中毒发生的原因

细菌性食物中毒发生的原因有以下几个方面。

首先，食品在生产加工、包装、运输、贮藏、销售等过程中受到致病菌的污染。

其次，被污染的食物未经烧熟、煮透或煮熟。

再次，被致病菌污染的食物在适宜细菌生长繁殖的条件下贮藏一定时间或贮藏时间过长，使食物中的致病菌大量生长繁殖或产生毒素。

最后，生熟食品发生交叉感染或烧熟煮透的食品发生二次污染，食用后引起中毒。

3. 细菌性食物中毒的发病机制

依据细菌性食物中毒的作用机制可将细菌性食物中毒分为感染型、毒素型和混合型三种。但这种分型只是相对的，即某些细菌侧重于感染型或侧重于毒素型，一般而言混合型的居多。

（1）感染型细菌性食物中毒。感染型，又称侵袭型。病原菌在其污染的食品中大量繁殖，随同食物进入肠道并继续生长繁殖，靠其侵袭力附于肠黏膜及黏膜上层，引起肠黏膜充血、白细胞浸润、水肿，某些病原菌进入黏膜固有层后可被吞噬细胞吞噬或杀灭，内毒素作用使体温升高，也可协同致病菌刺激肠黏膜引起腹泻等胃肠道血液循环系统症状，引起菌毒血症及全身感染。

（2）毒素型细菌性食物中毒。大多数细菌都能产生肠毒素或类似的毒素，尽管其分子量、结构和生物学性质不尽相同，但致病作用基本相似。由于肠毒素刺激肠壁上皮细胞，激活其腺苷酸环化酶或鸟苷酸环化酶，在活性腺苷酸环化酶的催化下，使细胞质中的三磷酸腺苷脱去两个磷酸，而成为环磷酸腺苷（cAMP）或环磷酸鸟苷（cGMP），cAMP或cGMP浓度增高可促进胞质内蛋白质磷酸化过程，并激活细胞有关酶系统，改变细胞分泌功能，Cl^-的分泌亢进，并抑制肠壁上皮细胞对Na^+和水的吸收，导致腹泻。

（3）混合型细菌性食物中毒。大多数病原菌进入肠道除侵入黏膜引起肠黏膜的炎症反应，还可产生肠毒素引起急性胃肠道症状。这类病原菌引起的食物中毒是致病菌对肠道的侵入及其产生的肠毒素的协同作用，其发病机制为混合型。

4. 细菌性食物中毒的种类

食源性致病菌的不同所引起的细菌性食物中毒也不尽相同，主要有沙门氏菌食物中毒、金黄色葡萄球菌食物中毒、大肠埃希菌食物中毒、李斯特菌食物中毒、副溶血性弧菌食物中毒、肉毒梭菌食物中毒、空肠弯曲菌食物中毒、志贺菌食物中毒、变形杆菌食物中毒、产气荚膜梭菌食物中毒等。

5. 细菌性食物中毒的临床表现

细菌性食物中毒的临床表现为急性胃肠炎症状，如恶心、呕吐、腹痛、腹泻等。葡萄球菌食物中毒呕吐较明显，呕吐物含胆汁，有时带血和黏液。腹痛以上腹部及脐周多见。腹泻频繁，多为黄色稀便和水样便。侵袭性细菌引起的食物中毒，可有发热、腹部阵发性绞痛和黏液脓血便。

6. 细菌性食物中毒的诊断

细菌性食物中毒的诊断依据有以下三个方面。

第一，根据中毒者发病急、短时间内同时发病、发病范围局限在食用同一种有毒食物等特点，找到引起中毒的食品，并查明引起中毒的具体病原体。

第二，潜伏期和特有的中毒表现要符合食物中毒的临床特征。

第三，对中毒食品或与中毒食品有关的物品及病人的样品进行实验室诊断。

（二）真菌毒素与食品安全

1. 真菌及真菌毒素

真菌是呈菌丝状结构排列的一类多细胞真核生物。由于缺乏叶绿素，不能利用光合作用制造食物供自身生长繁殖所需，在分类学上一般不归入植物界。

有些真菌，如霉菌和酵母菌会有目的地用于食品和饮料生产中，但是许多真菌在生长繁殖过程中可以产生有毒的代谢产物，称为真菌毒素。如黄曲霉和寄生曲霉能在花生上生长并产生黄曲霉毒素。大多数真菌毒素耐热，因此要防止它们在原材料上生长。

真菌产生的毒素能导致食物中毒。霉菌毒素引起的中毒大多通过被霉菌污染的粮食、油料作物，以及发酵食品等引起，而且霉菌毒素的中毒还表现为明显的地方性和季节性，人和动物在进食的过程中很可能一次吞食多种真菌毒素引起中毒。

2. 真菌性食物中毒

真菌毒素中毒就是指真菌毒素引起的对人体健康的各种损害。狭义的真菌毒素中毒是指产毒真菌寄生在粮食或饲料上，在适宜条件下产生有毒代谢产物，人畜食用后导致中毒；广义的真菌毒素中毒则包括食用了本身就含有毒素的真菌或被真菌毒素污染的食物（饲料）所引起的中毒。

广义真菌毒素中毒还包括误食以下三类食品引起的中毒。

（1）外表类似食用菌子实体的有毒真菌，如毒蘑菇。

（2）在粮食作物的生长过程中，病原真菌感染这些作物，并形成毒素残留在其中，如麦角中毒。

（3）真菌引起食品的腐败变质，产生有毒有害物质，并导致食品感官性状的明显变化，如腐烂的柑橘，这种情况常在贫困地区出现。

3. 产毒真菌的种类

已知的产毒真菌主要有以下几类。

曲霉菌属：黄曲霉、赭曲霉、杂色曲霉、烟曲霉、构巢曲霉和寄生曲霉等。

青霉属：岛青霉、桔青霉、黄绿青霉、红色青霉、扩展青霉、圆弧青霉、纯绿青霉、斜卧青霉等。

镰孢菌属：禾谷镰孢菌、三隔镰孢菌、玉米赤霉菌、梨孢镰孢菌、尖孢镰孢菌、雪腐镰孢菌、串珠镰孢菌、拟枝孢镰孢菌、木贼镰孢菌、茄病镰孢菌、粉红镰孢菌等。

其他真菌如麦角菌属、鹅膏菌属、马鞍菌属和链格孢菌属等。

4. 食源性真菌中毒的预防

（1）防霉。食品中的水分含量和环境湿度、温度是影响霉菌生长与产毒的主要因素，如粮食含水分 17%~18%，是霉菌繁殖和产毒的良好条件。曲霉、青霉以及镰刀菌属均为中性霉菌，适于繁殖的环境相对湿度为 80%~90%。大多数霉菌繁殖的适宜温度为 25~30 ℃，0 ℃以下和 30 ℃以上温度下，多数霉菌的产毒能力减弱或丧失。霉菌主要污染粮油及其制品，预防霉菌及其毒素对人体健康的危害是食品工作者的重要职责，其具体可采取以下措施。

①物理防霉。

第一，干燥防霉。控制水分和湿度，保持食品和贮藏场所的干燥，做好食品贮藏地的防湿防潮，相对湿度不超过 65%，保持食品干燥，控制温差，防止结露，粮食及食品可在阳光下晾晒，风干、烘干或加吸湿剂，密封。

第二，低温防霉。把食品储藏温度控制在霉菌生长的适宜温度以下，从而抑菌防霉，冷藏食品的温度界限应在 4 ℃以下。

第三，气调防霉。就是控制气体成分，防止霉菌生长和毒素产生，通常采取除氧或加入二氧化碳、氮气等气体，运用密封技术控制和调节储藏环境中的气体成分，现已在食品储藏工作中广泛应用。

②化学防霉。使用防霉化学药剂，有熏蒸剂如溴甲烷、二氯乙烷、环氧乙烷，有拌合剂如有机酸、漂白粉、多氧霉素。利用环氧乙烷熏蒸，用于粮食防霉效果很好。在食品中加入 0.1% 的山梨酸，也具有很好的防霉效果。

（2）去毒。食品被霉菌污染并产生毒素后，应设法将毒素破坏或去除，以避免大面积发霉。去毒的主要措施有挑除玉米和花生中的霉粒、碾压加工及加水搓洗大米、碱炼或用白陶土吸附花生油或玉米胚芽油中的黄曲霉毒素、脱胚除去玉米中黄曲霉毒素等。

总之，预防真菌性食物中毒主要是预防霉菌及其毒素对食品的污染，其根本措施是防霉，去毒只是污染后为防止人类受危害的补救方法。

（三）病毒与食品安全

病毒是一类非细胞形态的微生物，其大小、形态、化学成分、宿主范围以及对宿主的作用也与细胞形态的微生物不同。病毒非常小，无细胞结构，大多用电子显微镜才能观察到。病毒的基本特征是其基本结构由核酸与蛋白质组成，只能在活细胞中增殖。

近年来研究发现，人类的许多疾病都与病毒有关，而且关于病毒引起食物中毒的报道也逐渐增多。

1. 病毒污染源

通常病毒只有寄生在活细胞内才能存活和复制，因此，人和动物是病毒复制的主要宿主和传播的主要来源。

（1）病人和健康带毒者。病人是病毒传播的重要来源，尤其是在临床症状明显的时期，其病毒传播能力最强。此外，有些病毒携带者表面健康，但处于传染病毒的潜伏期，在一定条件下，可向外排毒，由于没有明显的临床症状，因而具有更大的传播隐蔽性。

（2）受病毒感染的动物。随着畜牧养殖业的发展和流通，一些人兽共患性病毒在给养殖业带来巨大损失的同时，也会通过各种流通渠道最终传染给人类，对人类健康和生命安全造成威胁，如口蹄疫、禽流感、疯牛病、非典型性肺炎（SARS）等。

（3）环境与水产品中的病毒。有些病毒粒子可在土壤、水、空气中存活很长时间，对水产品、谷物、蔬菜等食品造成污染，如引起小儿麻痹症的脊髓灰质炎病毒可在污泥和污水中存活 10 天以上，在其中生长的蔬菜等食品就可能带有病毒。

2. 食品被病毒污染的方式❶

食品被病毒污染的方式有两种：第一种为原发性污染，即动物性食品包括家畜肉类、乳品、鸡蛋等和水生贝类食品在屠宰和加工制作前可能受到病毒的污染；第二种为继发性污染，主要是在食品加工过程或餐馆和家庭储备中造成的污染。病毒虽几乎不能在食品中繁殖，但食品通常给病毒的存在提供了一个很好的条件。

3. 来自污染源的病毒的传播方式

来自污染源的病毒，主要通过以下传播方式污染食品。

第一，携带病毒的人和动物通过粪便等排泄物传播。尸体直接污染食品原料和水源，如细小病毒、呼吸道病毒、肠道病毒的传播。

第二，带有病毒的食品。从业人员通过手、生产工具、生活用品等在食品加工、运输、销售等过程中对食品造成污染，如肝炎病毒的传播。

第三，感染或携带病毒的动物，可能导致动物源性食品的病毒污染，如牛、羊、猪肉中的口蹄病毒的传播，禽和禽蛋中污染的禽流感病毒的传播。

第四，蚊、蝇、鼠、跳蚤等病媒动物可作为某些病毒的传播媒介，造成食品污染，如肺炎流性出血热病毒的传播。

第五，污染食品的病毒被人或动物摄食，并在体内繁殖后，又可通过生活

---

❶　丁晓雯，柳春红. 食品安全学 ［M］. 北京：中国农业大学出版社，2016：39.

用品、粪便、唾液、动物尸体等对食品造成再次污染。

4. 病毒污染食品的特点

（1）散在发生或流行性发生。病毒污染食品有可能是散在发生，也有可能是流行性发生，二者没有联系或相关性。散在发生是指由于安全防范措施、地域及自然条件不同，使病毒污染食品的事件呈零星发生，污染事件之间没有明显的线性关系。流行性发生是指在同一时期、同一地区，某种病毒污染食品的数量显著地超过了平时的污染量，即表现为流行性污染。

病毒污染大流行是指食品流行性污染的进一步发展，在一定时期内迅速传播，波及范围大；而暴发污染是指发病具有突然性，食品在短时间内发生大批的病毒污染。

（2）有一定的时间性。病毒污染和流行具有明显的季节性，如肠道病毒多发生在夏秋季节，呼吸道病毒的污染多发生在冬春季节，此外，一些病毒对食品的污染还具有周期性变化的特点。

（3）具有区域性。病毒污染和流行具有区域局限性，即有些病毒对食品的污染与其发育所需自然条件、传播媒介以及当地的居民生活习惯等因素有关，并呈现区域局限性。

病毒污染和流行还表现出外来性。有些病毒在本地区没有出现过，但随着交通和商品的流通而造成跨地区污染传播，如禽流感、艾滋病、口蹄疫、疯牛病等病毒可呈现跳跃式跨国传播。

（四）寄生虫与食品安全

1. 寄生虫与食源性寄生虫病

寄生虫是指营寄生生活的动物，其中，通过食品感染人体的寄生虫称为食源性寄生虫，主要包括原虫、吸虫、绦虫和线虫。寄生虫属于生物分类中的扁形动物、线形动物及原生动物。寄生虫能通过多种途径污染食品和饮水，经口进入人体，引起人的食源性寄生虫病的发生和流行，特别是能在脊椎动物与人类之间自然传播和感染的人兽共患寄生虫病，对人体健康产生很大危害。

食源性寄生虫病即寄生虫通过食物侵入人体并能生活一段时间，有明显临床表现的寄生虫病。寄生虫病在公共卫生中占有重要地位，其中通过食物传播的食源性寄生虫病严重地影响着人类健康。这类疾病不但对人体健康与生命构成严重威胁，而且其中某些人兽共患寄生虫病给畜牧业生产及经济带来严重损失。据报道，全世界的寄生虫感染者中，蛔虫和钩虫感染者最多。近年来，食源性寄生虫病种类不断增加，有些呈地方性流行，发病人数也有增长的趋势。

2. 食源性寄生虫病的传染源与传播途径

食源性寄生虫病的传染源是感染了寄生虫的人和动物，包括病人、病畜、带虫者、转续宿主和保虫宿主。寄生虫从传染源通过粪便排出，污染环境，进而污染食品。

食源性寄生虫病的传播途径为消化道。人体感染寄生虫常因生食含有感染性虫卵或未洗净的蔬菜和水果所致（如蛔虫），或者因生食或半生食含感染期幼虫的畜肉和鱼虾而受感染（如旋毛虫）。

3. 食源性寄生虫病的流行病学特点

食源性寄生虫病的暴发流行与食物有关，其流行病学的特点如下：病人在近期食用过相同的食物；发病集中，短期内可能有多人发病（如隐孢子虫病和贾第虫病）；病人具有相似的临床症状；具有明显的地区性和季节性，如旋毛虫病、华支睾吸虫病的流行与当地居民的饮食习惯密切相关，细颈囊尾蚴病和细粒棘球蚴病的流行与当地气候条件、生产环境和生产方式有关，并殖吸虫虫卵在温暖潮湿的条件下容易发育为感染性幼虫，感染多见于夏秋季节。

4. 中国食源性寄生虫病流行趋势的特点❶

目前我国食源性寄生虫病的流行趋势有以下几个特点。

第一，从农村向城市转移。以往农村地区由于卫生及经济条件的限制，食源性寄生虫病流行较多，但近年来城市居民追求生鲜口味及喜爱烧烤涮等饮食方式，加之人口流动性增大，外出就餐机会增加，使城市中的食源性寄生虫病发病率不断上升。

第二，"南病"北移且种类增多。大多数寄生虫病的流行本身具有一定的地域性，食源性寄生虫病感染地区主要分布在南方沿江地区，但随着发达的交通及运输、饮食习惯的变化及养殖业的蓬勃发展，近年来，寄生虫病的流行突破了地域限制，感染区域明显扩大。

第三，人兽共患寄生虫病不断增加。食源性寄生虫病大多是人兽共患寄生虫病，它是指在脊椎动物与人之间自然传播的寄生虫病，在自然界一般都存在于自然疫源地，但近年来随着人们对原始森林等自然环境的开发与侵占增多，城市中饲养宠物和伴侣动物的增加，人类与野生动物及病原媒介的接触机会增多，人兽共患寄生虫病的感染机会也大幅增加，如城市中宠物猫增多而使弓形虫感染的机会增加，食用野生动物而感染旋毛虫的病例增加。

第四，新现和再现食源性寄生虫病增加。随着世界人口的不断增加，人口流动、工业化、城市化进程的加快，对生态环境的不断破坏，以及病原体耐药

---

❶ 丁晓雯，柳春红. 食品安全学［M］. 北京：中国农业大学出版社，2016：45.

性的产生等原因，引起了新的寄生虫的出现或是已知寄生虫的重新流行。

5. 食源性寄生虫病控制手段

由于人们饮食习惯的改变以及缺乏对食源性寄生虫病的发病原因、传播途径及危害的认识，通常没有意识到自己主动感染了寄生虫疾病。食源性寄生虫进入人体后，寄生在人体各个器官并造成相应危害。控制食源性寄生虫病，可以从控制传染源、切断传播途径和保护易感人群3个方面进行干预。提倡食物必须烧熟煮透后食用，生、熟食品的砧板一定要分开，不喝生水，饭前便后要洗手等，以降低食源性寄生虫的感染率。

（1）控制传染源。控制传染源是预防寄生虫污染食品的首要措施。饮用水要远离粪便污染的区域，避免粪便中寄生虫传播的可能性。选用食品时，要选择经卫生检验检疫合格的禽畜肉类产品和淡水鱼、虾、螺等水产品。食品贮存环境中要定期采用综合防治手段，灭虫灭鼠，灭蟑灭蝇，控制和消灭传播媒介，防止所携带的寄生虫污染食品。

（2）切断传播途径。食源性寄生虫病的传播途径均为经口传播，因此，拒绝食用寄生虫污染的食品是切断食源性寄生虫病传播的主要措施，做到不生食或半生食海鲜、水产及畜禽肉类产品，不喝生水，不吃不洁的生鲜蔬菜。食品加工器具要生熟分开，防止交叉感染。部分寄生虫可通过皮肤切口感染，如广州管圆线虫幼虫可经皮肤侵入，因此，食品从业人员在条件允许的情况下，应穿戴护具以隔离双手与食材的直接接触，预防在加工过程中受感染。

（3）保护易感人群。人类对寄生虫感染没有天然的抵抗力，所有人对寄生虫都是易感的。由于大多数食源性寄生虫疾病属于人畜共患病，传播循环难以完全隔离阻断。因此，需要采取积极的宣传教育，加强易感人群对食源性寄生虫的认知程度，逐步提高易感人群对其危害的风险预防意识，形成良好的饮食卫生习惯，降低因膳食摄入寄生虫的可能性。

第二节 化学因素对食品安全的影响

一、概述

（一）影响食品安全性的化学因素

化学因素是继生物性因素之后又一重要的食品安全隐患。影响食品安全性的化学因素主要包括有毒有害元素（重金属、有机污染物）、药物（农药、兽药）残留、食品添加剂等。

（二）化学性污染的特点

在环境中存在广泛；性质稳定，难以降解；生物半衰期长，易富集；毒性较大，中毒机理复杂。除少数因浓度或数量过大引起急性中毒外，绝大部分以食品残毒的形式构成潜在危害（慢性中毒）。

二、农药残留及控制

（一）农药及农药残留

农药是指用于预防、消灭或者控制危害农业、林业的病、虫、草和其他有害生物以及有目的地调节植物、昆虫生长的化学合成的或者来源于生物、其他天然物质的一种物质或者几种物质的混合物及其制剂。

农药残留是指农药使用后残存于环境、生物体和食品中的农药原体、衍生物、有毒代谢物、降解物和杂质的总称，残留的数量即残留量。食品中农药残留量超过最大残留限量时则会对人体产生不良影响，危害人类健康。

目前食品中农药残留已成为全球性的问题，是国际贸易纠纷的原因之一，也是当前我国农畜产品出口的重要限制因素之一。为了保证食品安全和人体健康，必须防止农药污染和残留量超标。

（二）农药残留来源

动植物在生长期间或食品在加工和流通中均可受到农药的污染，导致农药在食品中残留。食品中农药残留主要来源于以下几个方面。

1. 直接污染

作为食品原料的农作物、农产品、畜禽被直接施用农药而被污染，其中以蔬菜和水果受污染的程度最大。

在农业生产中，农药直接喷洒于农作物的茎、叶、花和果实等表面，造成农产品污染。部分农药被作物吸收进入植株内部而后转运到植物的根、茎、叶和果实，代谢后残留于农作物中，尤其以皮、壳和根茎部的农药残留量高。

在兽医临床上，使用广谱驱虫和杀螨药物（如有机磷、拟除虫菊酯、氨基甲酸酯类等制剂）杀灭动物体表寄生虫时，如果药物用量过大被动物吸收或舔食后，在一定时间内可造成畜禽产品中农药残留。

在农产品贮藏中为了防止发生霉变、腐烂或植物发芽，施用农药造成食用农产品直接污染。如在粮食贮藏中使用熏蒸剂，柑橘和香蕉用杀菌剂，马铃薯、洋葱和大蒜用抑芽剂等，均可导致这些食品中农药残留。

2. 从环境中吸收

在农田、草场和森林施药后有 40%～60% 的农药降落至土壤，5%～30% 的药剂扩散到大气中，并逐渐积累和通过多种途径进入生物体内，致使农产品、畜产品和水产品出现农药残留问题。当农药落入土壤后逐渐被土壤粒子吸附，植物通过根茎从土壤中吸收农药，进入农作物茎或根等可食部分。当农药污染水体后，鱼、虾、贝和藻类等水生生物从水体中吸收农药引起组织内农药残留。用含农药的工业废水灌溉农田或水田也可导致农产品中农药残留。地下水也可能受到污染，畜禽可以从饮用水中吸收农药，引起畜产品中农药残留。

此外，大气中农药含量虽然极微，但农药微粒可以随风、大气漂浮、降雨等自然现象造成远距离土壤和水源的污染，进而影响栖息在陆地和水体中的生物。

3. 通过食物链污染

农药污染环境后经食物链传递时可发生生物浓集、生物积累和生物放大，造成食品中严重的农药残留。饲料通常来源于农作物的皮、壳和根等部分，农药残留较高，用其饲喂畜禽或鱼贝类后，造成相关产品的农药残留。如蜜蜂采食被农药污染的蜜粉源植物后，生产的蜂蜜、花粉和蜂王浆等蜂产品则会有残留农药。

4. 其他途径

食品在加工、贮藏和运输过程中使用被农药污染的容器、运输工具，或者与农药混放、混装均可造成农药污染。拌过农药的种子常含大量农药，不能食用。食品厂、医院、家庭、公共场所使用驱虫剂、灭蚊剂、杀蟑螂剂等，使人类食品受农药污染的机会增多、范围扩大。此外，高尔夫球场和城市绿化地带也经常大量使用农药，经雨水冲刷和农药挥发均可污染环境，进而污染人类的食物和饮水。

食品中农药残留量的影响因素包括农药的种类、性质、剂型、使用方法、施药浓度、使用次数、施药时间、环境条件、动植物的种类等。通常性质稳定、生物半衰期长、与机体组织亲和力较高及脂溶性的农药，较容易经食物链进行生物富集，致使其在食品中残留量高。施药次数越多、浓度越大、间隔时间越短，在食品中残留量就越高。此外，农药在大棚作物中降解缓慢，而且沉降后可再次污染农作物，因此，大棚农产品（如蔬菜、瓜果）的农药残留量一般高于露地农产品的农药残留量。

（三）农药残留危害

随着农药的大量使用，尤其是滥用有机合成农药，使环境恶化、物种减少、生态平衡被破坏，造成病虫害的抗药性日益增强。环境中的农药被生物摄取或通过其他方式进入生物体，蓄积于体内，通过食物链传递并富集，进入人体内的农药不断增加，严重威胁人类健康。农药可通过皮肤、呼吸道和消化道三种途径进入人体，但人体内约90%的农药来自被污染的食物，当农药积累到一定量后，则会对机体产生毒害作用。农药的种类和摄入量不同，对人体健康的危害也不同。大量流行病学调查和动物实验研究结果表明，农药对人体的危害主要有以下三方面。

1. 急性毒性

急性中毒的原因主要是职业性（生产和使用）中毒、自杀或他杀以及误食、误服农药，或者使用喷洒了高毒农药不久的蔬菜和瓜果，或者食用因农药中毒而死亡的畜禽肉和水产品引起的中毒。中毒后常出现神经系统功能紊乱和胃肠道症状，严重时会危及生命。引起急性中毒的农药主要有高毒类杀虫剂、杀鼠剂和杀线虫剂，尤其是高毒的有机磷和氨基甲酸酯农药毒性很强。

2. 慢性毒性

慢性中毒主要是因长期食用农药残留量较高的食品，农药在人体内不断蓄积，最终导致机体生理功能发生变化而引起的。这主要是因为当前使用的有机合成农药通常都是脂溶性的，易残留于食品原料中。许多农药可损害神经系统、内分泌系统、生殖系统、肝脏和肾脏，影响酶的活性、降低机体免疫功能，引起结膜炎、皮肤病、不育、贫血等疾病。慢性中毒的过程较为缓慢，症状短时间内不明显，易被人们忽视，潜在性危害很大。

3. 特殊毒性

特殊毒性就是某些具有致癌、致畸和致突变作用（"三致"作用），或者具有潜在"三致"作用的农药对人体造成的危害。为了保证人们的饮食安全，确保人体健康，世界各国都很重视食品中农药残留的研究和监测工作，并制定了农药允许限量标准。各国对食品中的农药残留量规定越来越严格，并不断修改旧标准、制定新标准。我国也非常重视食品中农药残留与危害问题，根据食品毒理学评价资料和我国食品中农药残留实际情况，制定和颁布了农药的人体每日允许摄入量（ADI 值）、食品中农药的最高残留限量（MRL）。

（四）农药残留的控制手段

第一，合理使用农药。合理使用农药有对症用药、注意用药浓度与用量、改进农药性能、合理混用农药等内容。

第二，安全使用农药。应严格遵守《农药安全使用规定》《农药安全使用标准》等规定，预防为主、综合防治；高毒、高残留农药不得用于果树、蔬菜、中药材、烟草等作物；禁止利用农药毒杀鱼、虾、青蛙和有益的鸟兽等；施用农药一定在安全间隔期内进行。

第三，采取避毒措施。在遭受农药污染较严重的地区，一定时期内不栽种易吸收农药的作物；可栽培抗病、抗虫作物新品种，减少农药的施用。

第四，综合防治。积极开展农业防治、生物防治，实行农作物的合理轮作和倒茬。

第五，积极发展高效、低毒、低残留的农药品种，禁止使用淘汰的农药品种。

第六，掌握收获期，不允许在安全间隔期内收获和利用栽培作物。

第七，加强农药管理。

第八，制定和完善农药残留限量标准。

第九，食品中农药残留的消除，如清洗、碱洗、去皮等。

三、兽药残留及控制

（一）兽药及兽药残留

兽药是指用于预防、治疗、诊断畜禽等动物疾病，有目的地调节动物代谢和生理机能并规定作用、用途、用法及用量的一类物质（含饲料药物添加剂）。

兽药残留是指动物产品的任何可食部分所含兽药的母体化合物及（或）其代谢物，以及与兽药有关的杂质。也就是说，兽药残留既包括原药，还包括药物在动物体内的代谢产物和兽药生产中所产生的杂质。

（二）兽药残留量超标原因

1. 使用违禁或淘汰药物

将某些不允许使用的药物当作添加剂使用，通常会造成药物的大量残留并且长期残留，严重危害人体健康，因而凡未列入《饲料药物添加剂使用规范》附录一和附录二中的药物品种均不能当饲料添加剂使用。

2. 不按规定执行应有的休药期

畜禽屠宰前或畜禽产品出售前需停止的药物包括兽药和药物添加剂，通常规定的休药期为4~7天。养殖场（户）使用含药物添加剂的饲料应严格按照规定落实休药期。

3. 随意加大药物用量或把治疗药物当成添加剂使用

由于耐药菌的存在而造成经常出现随意加大药物用量的现象，有时甚至把治疗量当作添加量长期使用。

4. 滥用药物

畜禽发生疾病时滥用抗生素，随意使用新或高效抗生素，还大量使用医用药物，不仅任意加大剂量，而且还任意使用复合制剂。

5. 饲料加工过程受到污染

将盛过抗菌药物的容器贮藏饲料，或使用盛过药物而没有充分清洗干净的贮藏器，都会造成饲料加工过程中兽药污染。

6. 用药方法错误，或未做用药记录

用药剂量、给药方式、用药部位和用药动物的种类等不符合用药规定，因此造成药物在体内残留。此外，因没有用药记录而重复用药的现象也较普遍。

7. 屠宰前使用兽药

屠宰前使用兽药用来掩饰有病畜禽临床症状，逃避宰前检验，很可能造成肉用动物的兽药残留。

8. 厩舍粪池中含兽药

厩舍粪池中含有抗生素等药物会引起动物性食品的兽药污染和再污染。

（三）兽药残留危害

兽药残留对人体健康有很大的危害。药物进入畜禽体内被吸收后，几乎分布到全身各个器官，在内脏器官尤其是肝脏内分布较多，在肌肉和脂肪中分布较少。药物可通过各种代谢途径，由粪便排出体外；也可通过泌乳和产蛋过程而残留在乳和蛋中。兽药和违禁药品的残留造成的影响主要表现在以下几个方面。

1. 急性中毒

如果一次性大量摄入残留物，会出现急性中毒反应。

2. 损害肾脏及听力

当人长期摄入含兽药残留的动物性食品后，药物会在体内不断蓄积，当浓度达到一定量后，就会对人体产生毒性作用。如磺胺类药物可引起肾损害，特别是乙酰化磺胺在酸性尿中溶解度降低，析出结晶后损害肾脏。

3. 过敏反应

过敏反应是指食用含低剂量抗菌药物残留的食品能使易感的个体出现抗原抗体反应，这些药物包括青霉素、四环素、磺胺类药物及某些氨基糖苷类抗生素等。它们具有抗原性，刺激机体内抗体的形成，造成过敏反应，严重者可引起休克，短时间内出现血压下降、皮疹、喉头水肿、呼吸困难等症状。

4. 诱发细菌耐药性

细菌耐药性是指动物经常反复接触某一种抗菌药物后，其体内敏感菌株将受到选择性的抑制，从而使耐药菌株大量繁殖的现象。

由于细菌数量大、繁殖快、易变异，而且抗药性的 R 质粒可以在菌株间横向转移，造成抗药性基因的扩散，使一种细菌产生多种耐药性。而长期、低浓度地使用抗生素饲料添加剂是耐药菌株增加的主要原因。经常食用含药物残留的动物性食品，一方面因具有耐药性而导致人畜共患病的病原菌可能大量增加，另一方面带有药物抗性的耐药因子可传递给人类病原菌，当人体发生疾病时，会给临床治疗带来很大的困难，耐药菌株感染往往会延误正常的治疗过程。

5. 改变肠道菌群的微生态环境

在正常条件下，人体肠道内的菌群由于在多年共同进化过程中能与人体相互适应，对人体健康产生有益的作用，如某些菌群能抑制其他有害菌群的过度繁殖；某些菌群能合成 B 族维生素和维生素 K 以供机体使用。但是，过多应用药物会使这种平衡发生紊乱，造成某些非致病菌的死亡，使菌群的平衡失调，从而导致长期的腹泻或引起维生素缺乏等反应，造成对人体的危害。菌群失调还容易造成病原菌的交替感染，使得具有选择性作用的抗生素及其他化学药物失去效果。

6. "三致"作用

"三致"是指致畸、致癌、致突变。苯并咪唑类药物是兽医临床上常用的广谱抗蠕虫病的药物，可持久地残留于肝脏内并对动物具有潜在的致畸性和致突变性。

7. 激素的副作用

激素类物质虽然具有很强的作用效果，但同时也会带来很大的副作用。长期食用含低剂量激素的动物性食品，有可能会由于积累效应而干扰人体的激素分泌体系和身体的正常机能。

（四）兽药残留的控制手段

1. 健全和完善兽药使用及监督管理的法规标准

兽药管理要法制化和规范化，并要加强农兽药的生产和经营管理；禁止和限制高毒性、高残留兽药的使用范围；加强立法建设；积极研发低毒低残留的兽药；加快修订饲料和畜产品的安全卫生标准；每年定期公布鼓励应用的新添加剂产品和即将淘汰或禁止使用的添加剂产品，加速新产品的推广应用；通过对畜牧生产、饲料和食品生产严格的监督管理和执法来确保饲料和畜产品的安全卫生，加快实施以监控、检测体系建设为主体的饲料安全工程。

2. 科学合理安全地使用兽药

严格规定和执行兽药的休药期和制定动物性食品药物的最高残留限量；合理配制用药；使用兽用专用药，能用一种药的情况不用多种药，特殊情况下一般也不超过三种；对各种兽药制定具体而可行的使用规范。

3. 严厉查处违禁药物用作饲料添加剂

明确发布禁止用作添加剂的药物名单，如镇静剂、激素等。有效地查封对禁用药物产品的源头即生产厂家。严禁在媒体上登载对有关此类产品的广告、价格信息、市场信息和应用研究报告等，违者严厉查处。在养殖场、饲料厂、添加剂厂进行关于食品和饲料安全的培训、宣传和教育。严厉查处在饲料和饲料添加剂产品中或者养殖过程中应用违禁药物的情况，按照相关法律条例追究违法人员的责任。

4. 谨慎使用抗生素

谨慎使用抗生素，减少抗生素使用的随意性。在幼龄畜禽、环境恶劣、发病率高时方可考虑使用抗生素。应努力改善饲养管理、改善卫生状况，应用安全绿色的添加剂，以最大限度地减少抗生素用量。要严格执行休药期，人畜用药分开，确保明智、安全和负责地使用抗生素。

5. 饲料生产过程中药物添加剂污染的控制

微粒状药物添加剂与粉状药物添加剂相比，具有有效成分分布均匀、静电低、流动性好、颗粒整齐、粉尘少等优点，可以降低加工时对饲料的交叉污染，减少药量，因此，提倡使用微粒药物添加剂。采用专人负责制，书面记录要完整详细，高浓度药物添加剂要稀释预混，经常校正计量设备，保证称量准确。加药饲料的生产应按同种药物含量由多到少排序加工，然后，用粉碎好的谷物原料冲洗一遍，再加工在休药期内的饲料，并定期清理粉碎、混合、输送、储藏设备和系统。饲料标签要求标明药物的名称、含量、使用要求、休药期等。

6. 推行良好农业规范、发展产业化农业

在全社会普及食品卫生和安全的知识，落实食品安全"三责任"。推行良好的农业规范（GAP），即应用现有的知识来处理农场生产过程和生产后的环境、经济和社会的可持续性，农业生产者通过环境控制、病虫害综合防治、养分综合管理和保护性农业等可持续农作方法来建立 GAP 控制体系。此外，还应围绕农业产业化、市场化发展需要强化龙头企业生产的标准化。

总之，严格遵守法律法规、接受专家指导、科学用药，是养殖场户、饲料厂能有效控制药物残留的前提。只有农户、养殖场户、饲料厂主动科学用药，才能守住第一道防线。加强管理，打击违禁药物非法使用，监督法律法规的落实是关键。

第三节　动植物中天然有毒物质对食品安全的影响

一、动植物毒素引起食物中毒的原因

有些动植物中存在的某种对人体健康有害的非营养性天然物质成分或因贮存方法不当，在一定条件下产生的某种有毒成分均可引起中毒。长期以来，人们对化学物质引起的食品安全性问题有不同程度的了解，却忽视了人们赖以生存的动植物本身所具有的天然毒素。于是在生产中不添加任何化学物质的天然食品颇受青睐，然而动植物中的天然有毒物质引起的食物中毒屡有发生，由此而带来的损失触目惊心。

动植物毒素引起食物中毒的原因主要有以下几点。

（1）人体遗传因素。食品成分和食用量都正常，但由于个别人体遗传因素的特殊性而引起的症状。

（2）过敏反应。食品成分和食用量都正常，却因过敏反应而发生的症状。某些人日常食用无害食品后，因体质敏感而引起局部或全身不适症状，称为食物过敏。各种蔬菜和水果都可以成为某些人的过敏原食物。如有人对菠萝中的蛋白酶过敏，食用后出现恶心、呕吐、腹痛、腹泻等症状，严重者可引起休克、昏迷。

（3）食用量过大。食品成分正常，但因食用量过大引起各种症状。如荔枝含维生素 C 较多，如果连日大量食用，可引起"荔枝病"，出现饥饿感、头晕、心悸、无力、出冷汗，重者甚至死亡。

（4）食品成分不正常。食品中本身含有有毒成分，食后引起相应的中毒症状。在丰富的生物资源中有许多含天然有毒物质的动物和植物，如鲜黄花菜、发芽的马铃薯等，少量食用亦可引起中毒。

二、动物中的天然有毒物质

动物是人类膳食的重要来源之一，由于其味道鲜美、营养丰富，深受消费

者的喜爱。但是某些动物体内含有天然有毒物质，可以引起食物中毒，下面介绍一些常见的动物中天然有毒物质。

（一）河豚毒素

河豚是无鳞鱼的一种，主要生活在海洋里，但在每年的清明前后由海中逆流游至入海口的河中产卵。河豚的内脏含毒素，毒量的多少因部位及季节而异。卵巢和肝脏有剧毒，其次为肾脏、血液、眼睛、鳃和皮肤，一般精巢和肉无毒。河豚中毒是世界上最严重的动物性食物中毒。

河豚中毒分为四个阶段，初期阶段首先感到发热，接着嘴唇和舌间发麻，头痛、腹痛同时呕吐；第二阶段，出现不完全运动麻痹，不能运动，知觉麻痹，语言障碍，呼吸困难；第三阶段，运动中枢完全受到抑制，运动完全麻痹，生理反射降低，呼吸困难加剧，各项反射逐渐消失；第四阶段，意识消失。呼吸停止、心脏很快停止跳动。

由于河豚毒素耐热，120 ℃加热60 min才可破坏，一般家庭烹调方法难以去除毒素。因此，防止河豚毒素中毒的最有效措施是掌握河豚的特征，学会识别河豚，避免食用河豚；一旦中毒，以催吐、洗胃和导泻为主，使有毒物质排出体外。

（二）鱼卵和鱼胆毒素

我国能产生鱼卵毒素的鱼有十多种，其中包括淡水石斑鱼、鳇鱼和鲶鱼等。鱼卵毒素为一类毒性球蛋白，具有较强的耐热性，100 ℃约30 min的条件使毒性部分被破坏，120 ℃约30 min的条件能使毒性全部消失。一般而言，耐热性强的鱼卵蛋白毒性强，其毒性反应包括恶心呕吐、腹泻和肝脏损伤，严重者可见吞咽困难、全身抽搐甚至休克等现象。

一般人认为鱼的胆汁可清热、解毒、明目，其实恰恰相反。鱼胆毒素往往会引起中毒乃至死亡。鱼胆毒素含于鱼的胆汁中，是一种细胞毒和神经毒，可引起胃肠道的剧烈反应、肝肾损伤及神经系统异常。我国主要的淡水经济鱼类中，草鱼、鲢鱼、鲤鱼、青鱼等均含有鱼胆毒素。

（三）动物肝脏中的毒素

动物肝脏是富含蛋白质、维生素A和叶酸的营养食品，但同时动物肝脏也含有胆固醇及胆酸等对营养吸收不利的成分。

熊、牛、山羊和兔等动物肝脏中主要的毒素是胆酸。动物食品中的胆酸是胆酸、脱氧胆酸和牛磺胆酸的混合物，其中牛磺胆酸的毒性最强，脱氧胆酸次之。

在世界各地普遍用作食物的猪肝并不含足够数量的胆酸，因而不会产生毒作用，但是当大量摄入动物肝脏，特别是肝脏处理不当时可能会引起中毒症状。

许多动物研究发现，胆酸的代谢物——脱氧胆酸能够增加人类肠道上皮细胞癌如结肠癌、直肠癌的发病率。人类肠道内的微生物菌丛可将胆酸代谢为脱氧胆酸。

三、植物中的天然有毒物质

人类的生存离不开粮食、蔬菜、水果等多种植物。在众多的植物中，有些含有有毒有害成分，即使在科学技术高速发展的今天，因误食有毒植物而引起中毒的现象仍时有发生，应引起食品安全学的足够重视。

（一）植物毒素的中毒特点

（1）植物毒素引起的食物中毒主要是因为误食有毒植物或有毒植物种子或因烹调加工方法不当，没有把有毒物质去掉而引起。

（2）植物毒素毒性大小差别很大，临床表现各异，救治方法不同，愈后也不一样。除急性胃肠道症状外，神经系统症状较为常见和严重，抢救不及时会导致死亡。

（3）植物毒素引起的食物中毒以散发为主，集体暴发的案例相对较少。有时集体食堂、公共饮食场所也有暴发的可能。此外，植物毒素引起的食物中毒具有一定的地域性和季节性。

（4）植物毒素引起的食物中毒一般没有特效疗法，对一些能引起死亡的严重中毒，尽早排除毒物对中毒者的愈后非常重要。

（二）植物中常见的有毒物质

1. 生物碱

生物碱是一种含氮的有机化合物，主要分布于罂粟科、豆科、夹竹桃科等120多个属的植物中，已知的生物碱有2 000种以上。由于生物碱具有明显的生理作用，在医药中常有独特的药理活性，如镇痛、镇痉、镇静、镇咳等作用。有时有毒植物和药用植物之间的界限很难区分，只是用量有所不同，很多有毒植物也是药用植物。存在于食用植物中的生物碱主要是龙葵碱、秋水仙碱等。

（1）龙葵碱（茄碱）。龙葵碱主要存在于发芽的马铃薯中，并主要集中在芽眼和表皮的绿色部分，人误食后会引起中毒。

一般进食毒素 10 min 至 10 h 内出现中毒症状。首先，患者咽喉部出现瘙痒和灼烧感，胃部灼痛，并有恶心、腹泻等胃肠炎症状。严重者会耳鸣、脱水、发烧、瞳孔散大、脉搏细弱、全身抽搐，最终因呼吸中枢麻痹而死。

预防龙葵碱中毒的主要措施主要有以下几种。

①将马铃薯存放于阴凉通风、干燥处或辐照处理，以防止马铃薯发芽。

②发芽较多或皮肉变黑绿色不能食用；发芽少者可剔除芽与芽基部，去皮后水浸 30~60 min，烹调时加少许醋煮透，以破坏残余的毒素。

③目前，对发芽马铃薯中毒尚无特效解毒剂，病人中毒后应立即洗胃，停止食用并销毁剩余的中毒食品。对重症病人应积极采取输液等对症治疗措施。

（2）秋水仙碱。秋水仙碱主要存在于鲜黄花菜等植物中，其本身并无毒性，当进入人体并在组织间被氧化后，迅速生成毒性较大的二秋水仙碱，这是一种剧毒物质。因此，食用未经处理或处理不当的黄花菜可引起中毒。

进食未经处理或处理不当的鲜黄花菜后，一般在 4 h 内会出现中毒症状。轻者口渴、喉干、心慌胸闷、头痛、呕吐、腹痛、腹泻；重者出现血便、血尿、尿闭和昏厥等。成年人如果一次食入 0.1~0.2 mg 秋水仙碱（相当于 50~100 g 鲜黄花菜）即可引起中毒，一次摄入 3~20 mg 可导致死亡。

预防秋水仙碱中毒的主要措施包括以下几种。

①不吃腐烂变质的鲜黄花菜，最好食用干制品，用水浸泡发胀后食用，可保证安全。

②食鲜黄花菜时需做烹调前的处理。即先去掉长柄，用沸水焯烫，再用清水浸泡 2~3 h（中间需换一次水）。制作鲜黄花菜必须加热至熟透再食用，烫泡过鲜黄花菜的水不能做汤，必须弃掉。

③烹调时与其他蔬菜或肉食搭配制作，且要控制摄入量，避免食入过多引起中毒。

④一旦发生鲜黄花菜中毒，应立即洗胃，口服蛋清、牛奶，并对症治疗。

2. 甙类

（1）氰甙。氰甙是结构中含有氰基的甙类，其水解后产生氢氰酸，从而对人体造成危害。

氰甙在植物中分布广泛，它能麻痹咳嗽中枢，因此有镇咳作用，但过量可引起中毒。氰甙的毒性主要来自氢氰酸和醛类化合物的毒性。氰甙引起的慢性氰化物中毒现象也比较常见。在一些以木薯为主食的非洲和南美地区，就存在慢性氰化物中毒引起的疾病。

氰甙中毒的预防措施包括以下几种。

①不直接食用各种生果仁，杏仁、桃仁及豆类要在食用前反复用清水浸泡、充分加热。

②在以木薯为主食的地方要注意饮食卫生，严禁生食木薯。

③若发生氰苷类食品中毒时，应立刻给病人口服亚硝酸盐或亚硝酸异戊酯，使细胞继续进行呼吸作用，再给中毒者服用一定量的硫代硫酸钠进行解毒。

（2）皂甙。皂甙主要存在于菜豆和大豆中，是天然有毒物质，较易引发食物中毒，一年四季皆可发生。食入烹调不当、炒不熟、煮不透的豆类，是引起中毒的主要原因。

皂甙中毒症状主要是胃肠炎。潜伏期一般为 2~4 h，有呕吐、腹泻、头痛、胸闷、四肢发麻现象，病程短，恢复快，愈后良好。

预防皂甙中毒的主要措施包括：使菜豆充分炒熟、煮透，最好是炖食；做凉菜时，必须煮 10 min 以上，熟透后才可凉拌；煮生豆浆时应防止"假沸"现象，"假沸"之后应继续加热到 100 ℃，泡沫消失，然后再小火煮 10 min，以彻底破坏豆浆中的有害成分。

3. 蔬菜中的硝酸盐、亚硝酸盐

在叶类蔬菜（菠菜、小白菜、甜菜叶、萝卜叶、韭菜等）中含有较多的硝酸盐和极少的亚硝酸盐。因为能主动从土壤中富集硝酸盐，蔬菜中的硝酸盐一般高于粮食谷物类，尤以叶菜类蔬菜中含量最高。人体摄入的亚硝酸盐有 80% 以上来自所吃的蔬菜。蔬菜中的硝酸盐在一定条件下可还原为亚硝酸盐，亚硝酸盐较硝酸盐的毒性大，摄入 0.3~0.5 g 纯亚硝酸盐即可引起中毒，致死量为 3 g。

蔬菜中硝酸盐在硝酸盐还原菌（如大肠杆菌等）的作用下还原为亚硝酸盐，通常有以下三种情况。

（1）新鲜蔬菜中亚硝酸盐含量相对较少，在贮藏过程中一旦开始腐烂，亚硝酸盐含量就显著增高。蔬菜腐烂越严重，其亚硝酸盐含量就越高。

（2）新腌制的蔬菜，在腌制的 2~4 d 亚硝酸盐含量增高，在 20 d 后又降至较低水平。变质的腌制菜中亚硝酸盐含量更高。

（3）烹调后的蔬菜存放过久，在硝酸盐还原菌的作用下，熟菜中的硝酸盐被还原成亚硝酸盐。

因此，为预防亚硝酸盐中毒，应尽量避免以上几种情况发生。

第六章　食品添加剂与食品安全

食品添加剂是指为改善食品品质、防腐保鲜而加入食品中的人工合成或天然物质。食品添加剂是食品工业发展的重要影响因素之一，从某种程度上讲，没有食品添加剂就没有现代食品加工业。但与此同时，食品添加剂也暴露出许多食品安全问题，因此，食品添加剂的安全合理使用非常重要。本章将对食品添加剂进行概述，分析食品添加剂的安全性及其毒理学评价，探究食品添加剂的安全使用与管理。

第一节　食品添加剂概述

一、食品添加剂的定义

各国对于食品添加剂的定义、分类、要求等各不相同。目前，国际上尚无统一定义。广义的食品添加剂是指食品本来成分以外的物质。

1965 年美国食品和药物管理局（FDA）给食品添加剂的定义引入了直接和间接含义。1983 年食品法典委员会（CAC）规定：食品添加剂是指其本身通常不作为食品消费，不是食品的典型成分，而是在食品的制造、加工、调制、处理、装填、包装、运输或保藏过程中，由于技术（包括感官）的目的而有意加入食品中的物质，但不包括污染物或者为提高食品营养价值而加入食品中的物质。❶

《中华人民共和国食品卫生法》（自 2009 年 6 月 1 日起废止，取而代之的是《中华人民共和国食品安全法》）规定：食品添加剂是指为改善食品品质

---

❶ 李世敏. 应用营养学与食品卫生管理［M］. 北京：中国农业出版社，2002：165.

和色、香、味以及为防腐和加工工艺的需要而加入食品中的化学物质或天然物质。❶

二、食品添加剂的分类

食品添加剂可按其来源、功能和安全评价的不同进行分类。按来源划分，国际上通常把食品添加剂分成三大类，一是天然提取物；二是用发酵等方法制取的物质，如柠檬酸等，它们有的虽是用化学法合成的，但其结构和天然化合物相同；三是纯化学合成物，如苯甲酸钠。目前，天然食品添加剂品种少，价格较高，因此开发了许多价格低廉的合成食品添加剂，使食品添加剂的种类不断扩大。如美国现在已经有 25 000 种以上不同的食品添加剂应用在大约20 000种以上食品中；欧盟使用 1 000~1 500 种。

按食品添加剂功能分类，1988 年 FAO/WHO 食品添加剂和污染物法规委员会（CCFAC）将添加剂分为 21 类（不包括营养强化剂、酶制剂、香料等）。❷ 1990 年我国国家技术监督局批准了食品添加剂分类和代码（GB 12493—1990），按其主要功能不同将食品添加剂分成二十大类，包括酸度调节剂、拮抗剂、消泡剂、抗氧剂、漂白剂、膨胀剂、胶姆糖基础剂、着色剂、护色剂、乳化剂、酶制剂、增味剂、面粉处理剂、被膜剂、水分保持剂、营养强化剂、防腐剂、凝固剂、甜味剂、增稠剂等 20 类和其他，因香料品种太多另为一类。

另外，1997 年卫生部推荐了加工助剂类。同时食品添加剂的分类和代码（GB 12493—1990）对食品添加剂新原料或食品新资源、新品种的卫生监督和评价进行了规定，包括：卫生学调查；毒理学试验；每日允许摄入量（ADI）确定；食品添加剂每日实际摄入量；生产和使用新食品添加剂审批手续。其中卫生学调查包括：了解添加剂名称、来源、生产单位；化学结构、主要成分；制造工艺；理化性质与纯度；食用方式和食用量；分析方法；食品的安全性、化学变化和对其他营养成分的影响等有关试验材料；人体资料等。

按食品添加剂安全评价划分，食品添加剂法规委员会（CCFA）在食品添加剂联合专家委员会（JECFA）讨论的基础上将其分为 A、B、C 三类，每类再分为两小类。具体如下：

A 类

JECFA 已经制定 ADI 和暂定 ADI 者，其中：

❶ 贾英民. 食品安全控制技术［M］. 北京：中国农业出版社，2006：37.
❷ 王建国. 不容忽视的食品安全［M］. 芜湖：安徽师范大学出版社，2012：75.

A（1）类。经过 JECFA 评价认为毒理学资料清楚，已经制定出 ADI 值或认为毒性有限，无需规定 ADI 者。

A（2）类。JECFA 已经制定暂定 ADI 值，但毒理学资料不够完善，暂时许可用于食品者。

B 类

JECFA 曾经进行过安全评价，但未建立 ADI 值，或者未进行过安全评价者，其中：

B（1）类。JECFA 曾进行过评价，因毒理学资料不足未制定 ADI 者。

B（2）类。JECFA 未进行过评价者。

C 类

JECFA 认为在食品中使用不安全或应该严格限制作为某些食品的特殊用途者，其中：

C（1）类。JECFA 根据毒理学资料认为在食品中使用不安全者。

C（2）类。JECFA 认为应该严格限制在某些食品中作特殊应用者。

值得一提的是，由于毒理学分析技术以及食品安全评价的不断发展，某些原来经 JECFA 评价认为是安全的品种，经过再次评价后，安全评价结果有可能发生变化，如糖精，原来曾经被划分为 A（1）类，后经大鼠试验发现可致癌，经过 JECFA 评价后已暂定其 ADI 值为 0~2.5 mg/kg 体重。因此，对于食品添加剂的安全性问题应该及时注意新的发展和变化。

第二节　食品添加剂的安全性及其毒理学评价

一、常见食品添加剂的毒性

随着化学添加剂的诞生和发展，人类健康不断受到威胁。食品添加剂对人体的毒性概括起来有致癌性、致畸性和致突变性，这些毒性的共同特点是需要经历较长时间才能显露出来，即对人体产生潜在的毒害，这也就是人们关心食品添加剂安全性的原因。如动物试验表明甜精（乙氧基苯脲）除了引起肝癌、肝肿瘤、尿道结石外，还能引起中毒。另外，动物试验表明大量摄入苯甲酸可导致肝、胃严重病变，甚至死亡；大量摄入对羟基苯甲酸酯类将影响生长发育；过量摄入亚硝酸盐可致癌。

有时食品添加剂自身毒性虽低，但由于抗营养因子作用，以及食品成分或不同添加剂之间的相互作用、相互影响，就可能生成意想不到的有毒物质。几乎所有的食品添加剂都有一定的毒性，只是程度不同而已，还有的食品添加剂具有特殊的毒性。另外，食品添加剂具有叠加毒性，即两种以上的化学物质组合之后会有新的毒性。食品添加剂表现出来的叠加毒性比想象的要多，食品添加剂的一般毒性和特殊毒性均存在叠加毒性，当它们和其他的化学物质如农药残留、重金属、多氯联苯（PCBs）等一起摄入的话，原本无致癌性的化学物质有可能会转化为致癌性的物质。因此，除重视添加剂在原料、加工过程、最终加工和烹饪为成品的食品安全问题外，更要充分调查和研究从食物摄入体内开始到消化道内生成的有害物质的病害性以及叠加毒性问题。

（一）防腐剂（苯甲酸及其钠盐、山梨酸及其盐类乳酸链球菌素）

苯甲酸和苯甲酸钠作为食品防腐剂（控制细菌生长）可用于食品中。苯甲酸（大鼠经口）LD_{50}为 1 700~4 000 mg/kg，动物最大无作用剂量（MNL）为 500 mg/kg。亚慢性试验表明其在体内无蓄积作用，无致畸、致癌、致突变作用。近年来有毒性研究表明，苯甲酸钠可增加啮齿动物肝、肾的质量以及蛋白质的血清水平。当喂以含 3%苯甲酸钠量的膳食给小鼠或 2.4%的量给大鼠时，观察到鼠的肝扩大和坏死现象。但苯甲酸作为食品添加剂在一定限量内是安全的，其 ADI 值为 0~5 mg/kg 体重。使用量可参照《食品添加剂使用卫生标准》的规定，一般在碳酸饮料中最大使用量为 0.2 g/kg，低盐酱菜、酱类、蜜饯为 0.5 g/kg，酱油、食醋、果蔬饮料等中最大使用量为 1.0 g/kg。若大量摄取苯甲酸及其钠盐将出现一些不良症状，如饮食量及体重的减少，病死率的增加，肠出血，肝脏、肾脏的肥大，肝脏中磷脂的减少，骨骼中钙的丢失，过敏，痉挛等症状。

山梨酸可参加体内正常代谢，最后分解为 CO_2 和 H_2O，亚急性毒性作用试验和慢性毒性作用试验都证明其毒性作用很低，因此是安全性较高的防腐剂。山梨酸一般用于肉、鱼、蛋、禽类制品时，最大使用量为 0.075 g/kg；果蔬类保鲜、碳酸饮料为 0.2 g/kg；酱油、醋、豆制品、糕点等食品为 1.0 g/kg；葡萄酒、果酒为 0.6 g/kg。山梨酸（大鼠经口）LD_{50} 为 7.36 g/kg，白兔和狗的经口 LD_{50} 为 2.0 g/kg，动物最大无作用剂量为 500 mg/kg。ADI 值为 0~25 mg/kg。

乳酸链球菌素别名为乳酸链球菌肽，是由含羊毛硫氨酸及 β-甲基羊毛硫氨酸等 34 个氨基酸组成的多肽，肽链中含有 5 个硫醚键形成的分子内环，是一种热稳定、五环的羊毛硫抗生素，其抑菌谱广泛，几乎对所有革兰阳性菌均有活性。但对霉菌和酵母的影响很弱，且需在酸性条件下方能保证其稳定，故一般仅应用于乳制品、罐装食品、植物蛋白食品。

乳酸菌链球素具有不可逆的杀菌作用，在人的消化道中可被蛋白酶水解消化成氨基酸，对健康无害且在低浓度下有生物活性，是一种比较安全的防腐剂，不会改变肠道正常菌群，不会引起药性，更不会产生与其他抗生素交叉的抗性。乳酸菌链球素是微生物代谢产物，ADI 值为每千克体重 0~33 000 IU，对其微生物毒性的研究表明，无微生物毒性或致病作用，比较安全，无副作用，是一种比较安全的防腐剂。

（二）漂白剂（亚硫酸类）

漂白剂的作用是抑制或破坏食品中的各种发色因素，使色素褪色或使有色物质分解为无色物质，或使食品免于褐变，以提高食品品质。漂白剂按其作用机制分为还原漂白剂和氧化漂白剂。还原漂白剂具有一定的还原能力，主要是亚硫酸及其盐类，如亚硫酸钠、硫代硫酸钠、焦亚硫酸钠等。

漂白剂适用于植物性食品，不适用于动物性食品，因为其可掩盖动物性食品腐败迹象。用亚硫酸盐漂白的植物性食品，由于 SO_2 消失后可发生变色，抑菌作用也会消失，而且在加工时往往在食品中残留过量 SO_2，过高的 SO_2 残留量会使食品带有臭味，影响质量。另外，亚硫酸钠具有防腐作用，消耗食物组织中的氧，抑制好氧菌的活性，并抑制微生物体内酶的活性。

在加工的海产品中残留有亚硫酸盐，西班牙学者分析了四批来自不同小贩的虾，所有这些虾都含大量亚硫酸盐，食品中总 SO_2 最大允许含量水平为 100 mg/kg，而这些虾可食部分平均亚硫酸盐为 182~579 mg/kg，不可食部分（头和壳）更高，达到 971~2 399 mg/kg。一般来说，虾煮后亚硫酸盐可减少约 33%。

日本试验则显示在广泛的加工食品中自然产生的亚硫酸盐的量，一般在蔬菜（葱、蒜、萝卜和蘑菇）中含量少于 1 mg/kg，而在其他海产品（海藻、虾）中的含量则大于 1 mg/kg，SO_2 及其各种亚硫酸制剂在允许限量下是安全的，过量则产生各种毒害作用。如吸入过量 SO_2 后可产生各种症状，甚至死亡。

另外，研究表明亚硫酸盐制剂可在对亚硫酸盐敏感人群中引起威胁生命的反应，同时在消费含亚硫酸盐的食品后，依赖类固醇的哮喘患者可出现危及生命的病症。有学者研究了不同化学添加剂在海产品中的数据，发现在加工的海产品中有 70 多种添加剂，其中亚硫酸盐制剂可能引起敏感人群的有害反应，因此要按规定使用并进行检测，严格控制用量。

亚硫酸钠的小鼠经口 LD_{50} 为 600~700 mg/kg（以 SO_2 计），人内服 4 g

Na_2SO_3，可出现中毒症状，内服 5.8 g 则呈现胃肠刺激症状。亚硫酸钠 ADI 值为 0~0.7 mg/kg 体重（以 SO_2 计）。

（三）抗氧化剂

食品在储藏及保鲜过程中不仅会出现由于腐败菌群而导致的变质，而且也会出现由于氧气作用而形成的氧化变质。尤其是油脂的氧化，不仅影响食品的风味，而且会产生有毒的氧化物或致癌物质、心脑血管疾病诱发因子等有害物质。因此，对于油脂或含油脂的食品，需要使用抗氧化剂或使用瓶、罐及真空包装等措施阻断空气与食品的接触。目前，作为食品抗氧化剂的物质有十多种，它们可分为水溶性和脂溶性两大类。此外，有些物质自身并没有抗氧化作用，但是如果和其他抗氧化剂并用，可以显著提高抗氧化效果，这类物质被称为抗氧化促进剂。最常见的有柠檬酸、酒石酸、维生素 C 等。

常用的抗氧化剂有脂溶性的丁羟基茴香醚（BHA）、二丁基羟基甲苯（BHT）、没食子酸丙酯（PG）和水溶性异抗坏血酸钠。丁羟基茴香醚急性毒性较弱，慢性试验低量（0.06%）显示无病变，剂量增至 0.12% 呈食欲不振症状。对二丁基羟基甲苯，FAO/WHO 的食品添加剂联合专家委员会（JECFA）已肯定其无致癌性。二丁基羟基甲苯在火腿、香肠等肉制品中一般用量为 0.5~0.8 g/kg，在冷冻水产品中一般用量为 0.1%~0.6%，在果实类饮料中一般用量为 10~20 mg/L，在水果、蔬菜类罐头中一般用量为 75~150 mg/kg。

没食子酸丙酯和异抗坏血酸均为安全的添加剂，美国食品药品监督管理局（FDA）将异抗坏血酸列为一般公认安全物质而未加限量。异抗坏血酸和异抗坏血酸钠广泛用于肉制品、冷冻水产品、盐藏水产品以及各种水果蔬菜制品。特别是在肉制品的加工中，异抗坏血酸和异抗坏血酸钠常和亚硝酸盐并用来提高肉制品的发色或固色效果。在水产品中常用于防止不饱和脂肪酸的氧化以及由于氧化产生的异味，在蔬菜、果实等罐头制品中可以防止褐变。异抗坏血酸和异抗坏血酸钠是一种较为安全的添加剂。

（四）呈味剂（酸味剂、甜味剂、鲜味剂）

作为酸味剂使用的主要是有机酸，包括柠檬酸、酒石酸、草果酸等天然有机酸。无机酸使用较多的是磷酸（ADI 值为 0~70 mg/kg 体重）。多数有机酸是安全无毒的，不需要规定其 ADI 值，在食品加工时可按正常生产需要量添加。

甜味剂在所有食品添加剂中是最敏感也是最具争议的。甜味剂包括天然甜味剂和不产生热量的人工合成甜味剂。天然甜味剂中的蔗糖、果糖、葡萄糖等具有较高的营养价值，属于食品原料，不作为食品添加剂来限制使用。

自1879年发现糖精钠，1884年正式投产后100多年来，其安全性一直是个争论不休的问题。糖精钠在体内不分解，由肾脏排出体外。其急性毒性不强，科学界对其致癌性一直有争议。大量毒理和流行病学研究表明糖精钠是不致癌的，但也有一些致癌的报道。美国努比利斯卡大学的科恩（Cohen）教授指出，早期研究所显示的糖精致癌性不是由糖精所引起，而是与钠离子及大鼠的高蛋白尿有关。英国的伦威克（Renwick）博士在欧洲毒理学讨论会上提出了和科恩教授类似的观点，指出糖精阴离子可作为钠离子的载体而导致尿液生理性质的改变。❶我国关于糖精钠的毒性问题也进行了大量的论证，卫生部正式确认了其使用的安全性，但在婴儿食品、某些病人食品和大量主食（如馒头等）中以不用为宜。

甜蜜素自1950年开始应用到1969年，曾因被怀疑为致癌物而被禁止使用。但随后很多试验表明其无致癌性，目前已有40多个国家承认它是安全的。1982年食品添加剂联合专家委员重新审议，将原来暂定的甜蜜素ADI值由0~4 mg/kg暂改为0~11 mg/kg。甜蜜素蓄积毒性试验表明其属于弱蓄积性（蓄积系数>5）。1991年FAO/WHO通过2年以上试验结果证明甜蜜素是安全可靠的，ADI值定为0~40 mg/kg。但目前甜蜜素在美国、日本等国是不允许作为食品添加剂的。

常用的鲜味剂有谷氨酸钠（即味精），是世界上除食盐外消耗量最多的调味剂，世界年产量30余万吨。1987年以前，谷氨酸可导致不良反应引起了世界各国的注意，如对所谓"中国餐馆症"，即烹饪使用过量味精，经食用后出现过敏反应等进行过较长期的争论。1988年，FAO/WHO的食品添加剂联合专家委员在第19次会议时结束了对谷氨酸钠安全性的讨论，肯定了其安全性，并取消了对未满12周婴儿不宜使用的限制。目前依然存在对其安全性的争议。

谷氨酸钠的小鼠经口LD_{50}为16 200 mg/kg，属于无毒。我国食品添加剂使用标准对谷氨酸钠已不限制使用，1988年又批准了5′-肌苷酸钠和5′-鸟苷酸钠为鲜味剂，添加到谷氨酸钠中，称为强力味精。谷氨酸是一种氨基酸，在人体内代谢可与酮酸发生氨基转移合成其他氨基酸，经过食用，有96%可被人体吸收，其一般用量不会存在毒性问题。

❶ 金征宇，彭池方.食品安全［M］.杭州：浙江大学出版社，2008：104.

（五）着色剂

着色剂是使食品着色的添加剂。按其来源不同分为天然色素和人工合成色素两类。天然色素色泽自然、种类繁多，有的含有一定的营养价值和药用价值，具有一定的安全性，并为人们所信赖，而人工合成色素需要考虑安全性问题。FAO/WHO 的食品添加剂联合专家委员会（JECFA）根据各国送来的安全性数据进行评议，对柠檬黄、夕阳红、新红、靛蓝、亮蓝、赤藓红、胭脂红和苋菜红制定出 ADI 值。这 8 种合成色素在我国已允许使用，它们与其他合成色素相比，可以认为是安全性比较高的合成色素。然而，由于人工合成色素的毒性结果不一，对不少品种的人工合成色素安全性目前尚有争议，如美国坚持废除苋菜红；有极少数人对柠檬黄也产生过敏反应。

合成色素本身及其代谢物对人体的毒害可能表现在三个方面，即一般毒性、致泻作用和致癌作用。此外，产品中可能还混杂着某些染料中间体或产生有毒副产物，如苯酚、苯胺等对人体会造成一定的毒害。此外，一些未经批准的合成色素或严禁使用的工业染料，如苏丹红一号，具有一定的致癌性。一旦误加入食品中会带来很大的安全风险。

（六）增香剂（香料和香精）

增香剂（或称赋香剂）有香精和香料，在食品加工中用来改善或加强食品香气和香味。香精和香料的食品安全问题一般由于香精的调配或香料的提取、合成过程中由于原材料中含微量杂质或受污染而引起。

根据香料来源和制法，可将香料分为天然香料和合成香料。用于食品中的天然香料大多是从植物中提取的，天然香料安全性高，具有特殊增香作用，而合成香料的安全性较天然香料低，绝大多数香料在国际上还未进行卫生学评价。由于香料添加量小，因此直接由香料所引起的食品安全问题也常被人们所忽视。随着生活水平的提高，人们对于它的安全性问题越加重视起来，我国对香料的卫生管理，采用指令性香料的品种，允许这些品种按正常需要添加。

（七）乳化剂

乳化剂是能改善乳化体中各种构相之间的表面张力，形成均匀分散体或乳化体的食品添加剂。使用量最大的食品乳化剂是脂肪酸单甘油酯，其次是蔗糖酯、山梨糖醇酯、大豆磷脂等。乳化剂能稳定食品的物理状态，改进食品组织结构，简化和控制食品加工过程，改善风味、口感，延长货架期等。

乳化剂是消耗量较大的一类添加剂，各国允许使用的种类很多，我国允许使用的有近 30 种。在使用过程中它们不仅可以起到乳化的作用，还兼有一定的营养价值和医药功能，是值得重视和发展的一类添加剂。但是，在食品中添加的量和方式对食品的安全有直接的影响，故正确的使用方法是非常关键的问题。

蔗糖脂肪酸酯为蔗糖与食用脂肪酸所生成的单酯、二酯和三酯。脂肪酸可分为硬脂酸、棕榈酸和油酸等。蔗糖脂肪酸酯的 HLB（亲水亲油平衡值）可通过单酯、二酯和三酯的含量来调整，使用范围广，几乎可用于所有的含油脂食品。一般用于肉制品、鱼制品，可以改善水分含量及制品的口感，用量为 0.3%~1.0%。用于焙烤食品，可增强面团韧性，增大制品体积，使气孔细密、均匀，质地柔软，防止老化，用量为面粉的 0.2%~0.5%。用于冰激淋，可以增加乳化及分散性，提高比体积，改进热稳定性、成形性和口感。此外也可用于豆奶、冷冻食品、沙司、饮料、米饭、面条、方便面、饺子等食品中。用于油脂，用量为 1.0%。糖脂肪酸酯的大鼠经口 LD_{50} 为 39 g/kg，无亚急性毒性，ADI 为 0~20 g/kg 体重，属于比较安全的添加剂。

二、食品添加剂的安全性

食品添加剂最重要的是安全和有效，其中安全性最为重要。要保证食品添加剂使用安全，必须对其进行卫生评价，这是根据国家标准、卫生要求，以及食品添加剂的生产工艺、理化性质、质量标准、使用效果、范围、加入量、毒理学评价及检验方法等做出的综合性的安全评价，其中最重要的是毒理学评价。通过毒理学评价确定食品添加剂在食品中无害的最大限量，并对有害的物质提出禁用或弃用的理由，以确保食品添加剂使用的安全性。

新中国成立初期普遍使用的 β-萘酚、奶油黄等防腐剂和色素，后来被证实存在致癌作用，不少地区曾因使用含砷的盐酸、食碱，或过量的食品添加剂如亚硝酸盐、漂白剂、色素等而发生过急、慢性中毒。在国外，也有因食品添加剂引起的恶性中毒事件，如 1955 年，日本的某种调和乳粉因加入了不纯的稳定剂，使产品中含过量砷，导致 12 000 名婴儿食用后发生贫血、食欲不振、皮疹、色素沉着、腹泻、呕吐等中毒症状，其中有 130 人死亡。各国均有不少添加剂因被证实或怀疑有致癌、致畸、致突变等远期危害而从允许使用的名单上删除。

近年来，添加剂引起变态反应的报道也日益增多，如糖精引起的皮肤瘙痒症、日光性皮炎，香料中很多物质引起的呼吸道炎症、支气管哮喘、荨麻疹、口腔炎等。还有脂溶性添加剂在体内的蓄积效应，使维生素 A、维生素 D、二丁基羟基甲苯等过量摄入有慢性中毒危险。另外，有些食品添加剂在制造、储存过程中会产生杂质，有些和食物成分反应生成致癌物，如亚硝酸盐可与食物中的仲胺合成亚硝基化合物、偶氮染料形成游离芳香族胺等。某些添加剂共同使用时是否会产生有害物质的问题也受到人们的广泛关注。目前已禁止将甲醛、硼酸、硼砂、β-萘酚、水杨酸、硫酸铜、黄樟素、香豆素等物质用作食品添加剂。

人们对食品添加剂安全性的认识是随着科学技术的进步、检测手段的日臻完善、生活水平的提高而逐渐深入的，食品添加剂已经和化学农药、重金属、微生物等常规污染物一起被列为食品污染源。我国目前使用的食品添加剂都有充分的毒理学评价，并且符合食用级质量标准，因此只要其使用范围、使用方法与使用量符合食品添加剂使用卫生标准，一般来说其使用的安全性是有保证的。

以亚硝酸盐为例，长期以来亚硝酸盐一直被作为肉类制品的护色剂和发色剂，但随着科学技术的发展，人们不但认识到它本身的毒性较大，而且还发现它可以与仲胺类物质作用生成对动物具有强烈致癌作用的亚硝胺。但亚硝酸盐在大多数国家仍批准使用，因为它除了可使肉制品呈现良好色泽外，还具有防腐作用，可抑制多种厌氧性梭状芽孢菌，尤其是肉毒梭状芽孢杆菌，防止肉类中毒，这一功能在目前使用的添加剂中还找不到理想的替代品。况且只要严格控制其使用量，其安全性是可以得到保证的。

三、食品添加剂的毒理学评价方法

为了安全使用食品添加剂，需对其进行毒理学评价。通过毒理学评价确定食品添加剂在食品中无害的最大限量，并对有害的物质提出禁用或弃用的理由，它是制订食品添加剂使用标准的重要依据。

（一）毒理学评价试验的四个阶段

（1）急性毒性试验，包括 LD_{50}（经口）。

（2）遗传毒性试验、3 项致突变试验、传统致畸试验和短期（30 天）喂养试验。

（3）亚慢性毒性试验，包括 90 天喂养试验、繁殖试验、代谢试验。

（4）慢性毒性试验，包括致癌试验。

（二）食品添加剂安全性毒理学评价试验的选择

由于食品添加剂有数千种之多，有的沿用已久，有的已由 FAO/WHO 等国际组织做过大量同类的毒理学评价试验，并已得出结论。因此我国规定，除我国创新的新化学物质一般要进行各阶段的全部试验外，对其他食品添加剂可视国际上的评价结果等分别进行不同阶段的试验。具体来说，食品添加剂的安全性毒理学试验的选择方法如下。

1. 香料

鉴于食品中使用的香料品种很多，化学结构很不相同，而用量又很少，在评价时可参考国际组织及国外的资料和规定，分别决定需要进行的试验。

第一，凡属世界卫生组织已建议批准使用或已制定值者，以及香料生产者协会（FEMA）、欧洲理事会（COE）和国际香料工业组织（IOFI）4 个国际组织中的 2 个或 2 个以上允许使用的，进行急性毒性试验后，参照国外资料或国内的规定进行评价。

第二，凡属资料不全或只有一个国际组织批准的，先进行急性毒性试验和毒理学试验中所规定的致突变试验中的一项，经初步评价后，再决定是否需进行进一步试验。

第三，凡属尚无资料可查、国际组织未允许使用的，先进行第一、第二阶段毒性试验，经初步评价后，决定是否需进行进一步试验。

第四，从食用动植物可食部分提取的单一高纯度天然香料，如其化学结构及有关资料并未提示具有不安全性的，一般不要求进行毒性试验。

2. 其他食品添加剂

第一，凡属毒理学资料比较完整，世界卫生组织已公布日允许量或不需规定日允许量者，要求进行急性毒性试验和一项致突变试验，首选 Ames 试验或小鼠骨髓微核试验。

第二，凡属有一个国际组织或国家批准使用，但世界卫生组织未公布日允许量或资料不完整者，在进行第一、第二阶段毒性试验后做初步评价，以决定是否需进行进一步的毒性试验。

第三，对于由天然植物制取的单一组分、高纯度的添加剂，凡属新品种需先进行第一、第二和第三阶段毒性试验，凡属国外已批准使用的，则进行第一和第二阶段毒性试验。

3. 进口食品添加剂

要求进口单位提供毒理学资料及出口国批准使用的资料，由省、自治区、直辖市一级食品卫生监督检验机构提出意见并报卫生部食品卫生监督检验所审查后决定是否需要进行毒性试验。

（三）食品添加剂每日允许摄入量（ADI）和最大使用量（E）

每日允许摄入量（简称"日允许量"）是指人类每天摄入某种食品添加剂直到终生而对健康无任何毒性作用或不良影响的剂量，以每人每日每千克体重摄入的质量（mg/kg）表示。ADI 是国内外评价食品添加剂安全性的首要和最终依据，也是制订食品添加剂使用卫生标准的重要依据。最大使用量是指某种添加剂在不同食品中允许使用的最大添加量，通常以"g/kg"表示。ADI 和 E 的确定方法如下：

（1）根据动物毒性试验确定最大无作用剂量（MNL）。

（2）根据 MNL 定出 ADI 值。MNL 剂量对动物是安全的，但将动物实验所得数据用于人类时，由于存在个体和种系差异，故应给出一个合理的安全系数，根据国际规定把安全系数定为 100（按种间差异缩小 10 倍，个体差异缩小 10 倍计）。每日允许摄入量（ADI）= MNL×1/100

（3）将每日允许摄入量乘以平均体重求得每人每日允许摄入总量（A）。

（4）根据膳食调查，计算出膳食中含有该物质的各种食品的每日摄食量（C），然后即可分别算出其中每种食品含有该物质的最高允许量（D）。

（5）根据该物质在食品中的最高允许量（D）制订出该种添加剂在每种食品中的最大使用量（E）。原则上总是希望食品中的最大使用量标准低于最高允许量，具体要按照其毒性及使用等实际情况确定。

下面以苯甲酸为例进行计算：

最大无作用剂量：由大鼠毒性试验判定 MNL 为 500 mg/kg。

每日允许摄入量：根据最大无作用剂量（MNL），对于人体的安全系数以 100 计，则：

$$ADI = MNL×1/100 = 500×1/100 = 5 （mg/kg）$$

每人每日允许摄入总量（A）：以正常人体重 60 kg 计算，苯甲酸的每人每日允许摄入总量为：

$$5 \ mg/kg×60 \ kg = 300 \ mg$$

最大使用量（E）：通过膳食调查，得出各种食品中平均每人每日摄食量（C）。

经过简单地反推算，先按实际使用情况设定各种食品中的最大使用量（E），则计算得出苯甲酸每人每日摄食总量（B）为 220 mg，此值低于每人每日允许摄入总量（A）300 mg 的值。所以，确定的 E 值可以相应地低于 D 值。假若上述计算结果每人每日摄食总量（B）高于每人每日允许摄入总量（A），则确定的最大使用量就应重新考虑。

第三节　食品添加剂的安全使用与管理

一、食品添加剂的选用原则

第一，各种食品添加剂都必须经过一定的安全性毒理学评价，证明在限量内长期使用安全无害。生产、经营和使用食品添加剂应符合卫生部颁发的《食品添加剂使用卫生标准》和《食品添加剂卫生管理办法》以及国家标准局颁发的《食品添加剂质量规格标准》。此外，对于食品营养强化剂应遵照我国卫生部颁发的《食品营养强化剂使用卫生标准》和《食品营养强化剂卫生管理办法》执行。

第二，鉴于有些食品添加剂具有一定毒性，应尽可能不用或少用，必须使用时应严格控制使用范围及使用量。

第三，食品添加剂应有助于食品的生产、加工和储存等过程，具有保持营养成分、防止腐败变质、改善感官性状和提高产品质量等作用，而不应破坏食品的营养素，也不得影响食品的质量和风味。

第四，食品添加剂不能用来掩盖食品腐败变质等缺陷，也不能用来对食品进行伪造、掺假等违法活动。不得使用非定点生产厂家、无生产许可证及过期或污染、变质的添加剂。

第五，选用的食品添加剂应符合相应的质量指标，用于食品后不得分解产生有毒物质，用后能被分析鉴定出来。

二、食品添加剂的安全管理

（一）食品添加剂安全管理概述

食品添加剂按照标准并在进行卫生和安全性的监督管理下在允许范围内使用，一般是安全的。要确保食品添加剂食用安全，必须加强食品添加剂管理，包括食品添加剂的毒理学评价、食品添加剂使用量标准的制定、食品添加剂的标准审批、生产或使用食品添加剂审批手续、食品添加剂法规等。我国食品添加剂生产和使用标准是根据食品毒理学评价，各部门生产和使用食品添加剂的需要、效果和建议，由卫生部和国家标准总局批准颁布实施。

食品添加剂使用标准提供安全使用食品添加剂的定量指标，包括添加剂的品种、使用目的、范围以及最大使用量（或残留量）。WHO/FAO 食品添加剂专家委员会规定了《使用食品添加剂的一般原则》，就食品添加剂的安全性和维护消费者利益方面制订了一系列严格的管理办法。

美国是最早制订并执行食品添加剂法规的国家之一。❶ 1958 年美国修改了1938 年的食品法，对某些已应用的食品添加剂进行管理和审查。审查内容包括化学性质、代谢过程、毒性、变态反应和三致试验。我国从 20 世纪 50 年代开始对食品添加剂实行管理，20 世纪 60 年代后加强了对食品添加剂的生产管理和质量监督。我国根据食品添加剂的特殊情况还制订了一系列法规，如《中华人民共和国国家标准食品添加剂使用卫生标准》《食品添加剂卫生管理办法》《食品营养强化剂使用卫生标准（试行）》《食品营养强化剂卫生管理办法》《中华人民共和国国家标准食品添加剂使用卫生标准》等。食品添加剂卫生监督需要通过检测和法律法规并行的方式进行监督，食品卫生法是强制手段。

制订食品中添加剂限量标准是确保食品中的食品添加剂含量不危及人体健康的又一添加剂管理手段。各国对食品添加剂都有限量标准，我国食品添加剂标准化技术委员会在国家技术监督局领导下，从事全国食品添加剂专门性标准化工作。

（二）食品添加剂安全管理建议

1. 完善食品安全管理体制

我国政府对食品添加剂的管理是相当严格的，制订了严格的申报审批、生产经营、使用、标志等规定。

2. 加强食品安全法律建设

在我国建立以食品安全法律法规为主的多层式法律体系，从食品安全全程监控着眼，把标准和规程落实在食品产业链的每一个环节。

3. 提高惩罚标准，加大惩罚力度

相关省级食品药品监管部门已依法责令其采取下架、召回、停产停业、整顿等措施控制风险，并对其严加惩罚，向社会公布处理结果。

4. 加强食品安全监督、检验能力

安全检测人才培养，加强检验检测装备建设。

5. 依法加强权力监督和舆论监督

各级人民代表大会作为地方最具权威的监督机构，依法实施法律监督和经

---

❶ 姜瞻梅，田波. 乳品添加剂［M］. 北京：中国轻工业出版社，2010：4.

济工作，接受社会公众和媒体的监督，公开透明。

6. 加强对消费者的宣传教育

增加消费者对自己消费的食品的了解，形成正确的消费观与消费习惯，加强宣传教育，提高消费者食品安全意识。

7. 开发新型、安全的食品添加剂

开发方向须符合一切以健康为导向的发展趋势，可以从以下几点出发：

（1）天然产物的食品添加剂，安全无毒或基本无毒广泛受到人们的欢迎，成为目前研究开发的重点。

（2）安全、低热量、低吸收品种的开发及应用。

（3）功能性食品添加剂是具有确定的保健功能因子和科学详细的测试数据的部分食品添加剂品种，尽管在理论研究和实践方面还有所欠缺，但这些物质的保健功能性受到极大的关注。

第七章 食品加工、包装及运输与食品安全

食品是人类最直接、最重要的能量和营养素来源，支撑着人类的健康、生存与发展。不安全的食品摄入，可能会导致人类出现各种各样的疾病，食品安全问题已经成为影响居民健康水平的重大公共卫生问题。本章对食品加工、包装及运输与食品安全问题进行了探究，这对于食品安全相关问题的研究、管理与处理具有重要意义。

第一节 食品加工过程与食品安全

一、食品加工环节中的不安全因素分析

一般而言，食品供应链是由农业、食品加工业、零售企业和物流配送企业等相关企业构成的食品生产和供应网络。食品供应链的环节主要有食品原材料生产、食品加工、食品零售以及食品物流。现简要分析食品加工过程的安全问题。

加工食品日益增多，包括一些本来不需加工的食品，现在也开始进行一些简单加工，如进行清洗包装后出售，体现出加工过程中的食品安全控制日益受到重视。目前我国食品生产过程中仍存在诸多问题，主要表现在以下几个方面。

（1）生产环境不符合卫生标准。

（2）生产过程中企业对食品质量与食品卫生进行严格控制的意识较弱。

（3）一些食品加工企业的生产原料有毒、有害、过期变质。

（4）滥用食品添加剂。

（5）食品加工过程中产生有害物质。

部分食品在加工过程中会产生具有危害的化学物质，例如：亚硝胺、多环

芳烃、杂环胺化合物、多氯联苯、氯丙醇等。

二、不同食品在加工过程中产生的安全问题

（一）油炸食品的安全问题

根据来源，食用油脂可以分为植物性油脂和动物性油脂两大类，常见的有猪油、牛油、羊油、鸡油、奶油、豆油、花生油、菜籽油等。油脂对人体健康有重要作用，可供给人体必需的脂肪酸，是人体热能的来源之一。在食品加工烹饪中，油脂的使用可以丰富食品产品的种类、提高产品质量等，但如果食用或保存不当，油脂也可危害人体健康。

油炸食品的安全问题，可涉及诸多方面：反式脂肪酸对健康的影响；加入的明矾等膨化剂可能超标，其中的铅会影响人体健康；添加的色素和护色剂若过量及油炸过程中产生有害物质都可能造成的不良影响。

1. 反式脂肪酸对健康的影响

油脂是由 1 份甘油和 3 份不同的脂肪酸酯化而成的三酰甘油。脂肪酸根据结构分为饱和脂肪酸与不饱和脂肪酸两大类，在不饱和脂肪酸中又由于结构不同，分成顺式脂肪酸与反式脂肪酸。

经高温加热处理的植物油，在其精炼脱臭工艺中（加热温度一般可达 250 ℃以上，时间为 2 h）可能会产生一定量的反式脂肪酸。

反式脂肪酸进入人体后，在体内代谢、转化，会干扰必需脂肪酸（EFA）和其他脂质的正常代谢，对人体健康产生不利影响，如增加患心血管疾病的危险性、增加患糖尿病的危险性，导致必需脂肪酸缺乏，以及抑制婴幼儿生长发育。

减少氢化食用油的使用和相关产品的摄入量，是控制反式脂肪酸进入人体的重要措施。

2. 加入的明矾等膨化剂可能超标，其中的铅将影响人体健康

膨化剂分为生物膨化剂与化学膨松剂两大类。用酵母作为生物膨松剂是较为安全的；有的化学膨化剂含铅，如超量将对人体造成影响，如软骨病、骨质疏松、神经系统损伤，引起肝、肾等器官慢性损伤，以及与某些肿瘤的发生有关。

3. 添加的色素和护色剂可能造成的影响

护色剂是允许使用的食品添加剂的一种，又称发色剂。一般宰后成熟的肉因含乳酸，pH 值为 5.6~5.8，所以不需外加酸即可生成亚硝酸，但亚硝酸性质不稳定。我国批准使用的硝酸钠（锂）和亚硝酸钠（钾），能与肉及肉制品

中呈色物质作用，使之在食品加工、保藏过程中不致分解，因此呈现良好的色泽，同时有抑菌防腐、提高食物风味的作用。

护色剂使用不当会影响人体健康，因为它本身也是急性毒性较强的物质之一，因此有可能使人体中正常携氧能力下降引起组织中毒，使人体中枢神经麻痹，血管扩张，血压降低，严重时可引起窒息甚至死亡等。

4. 油炸过程发生不良化学变化

油炸加工过程中，可能使食品中的相关成分发生变化，如产生多环芳烃（PAHs），多环芳烃是指分子中含有两个或两个以上苯环的碳氢化合物，它是最早被发现和研究的致癌类化合物之一，主要由煤、石油、木材及有机高分子化合物的不完全燃烧而产生。食品中多环芳烃和苯并（α）芘［B（α）P］的产生与食物熏烤和高温烹调有关。B（α）P 不是直接致癌物，在体内必须经过微粒混合功能氧化酶活化后才具有致癌性。

越来越多的研究表明，多环芳烃的真正危险在于它暴露于阳光中紫外线辐射时的光致毒效应，有可能引起人体基因突变，以及引起人类红细胞溶血及大肠埃希菌的死亡。

（二）酒类的安全性问题

酒，在我国食品文化中有着非常重要的地位。

酒的品种繁多，风格各异，历史悠久，酒可分为以下几种类别：①按酒的制造方法可分为酿造酒、蒸馏酒和配制酒三大类；②按其酒精的含量高低可分为高度酒（51%~67%）、中度酒（38%~50%）及38%以下的低度酒；③按含糖量分为甜型酒（10%以上）、半甜型酒（5%~10%）、半干型酒（0.5%~5%）以及0.5%以下的干型酒；④按商品类型分为白酒、黄酒、啤酒、果酒、药酒和洋酒等。

1. 蒸馏酒的安全问题

蒸馏酒有茅台酒、五粮液等，此类酒的制造过程一般包括原材料的粉碎、发酵、蒸馏及陈酿四个过程，这类酒的酒精含量较高。由于制酒材料不同，又分中国白酒、白兰地酒（以水果为原材料）、威士忌酒（用预处理过的谷物制成，但它的发酵和陈酿过程特殊）、伏特加（以俄罗斯产著名）、龙舌兰酒（以植物龙舌兰制作）、朗姆酒（以甘蔗为原料）等。

影响蒸馏酒安全的主要因素如下。

（1）原料。制曲、酿造用粮、稻壳等，如果其发霉或腐败变质，将严重影响酿造及制曲过程中有益菌的生长繁殖，并可能产生如黄曲霉素等有害物质，影响酒的风味和品质与人体健康。

（2）甲醇。甲醇是有机物醇类中最简单的一元醇，俗称木酒精、木醇，蒸馏酒中的甲醇主要由果胶质水解产生。

甲醇是无色、透明、有乙醇气味的易挥发液体，沸点为65 ℃，熔点为-97.8 ℃，能与水以任意比例相溶。甲醇吸收至体内后，可迅速分布到机体各组织内，其中以脑脊液、血、胆汁和尿中的含量最高。

甲醇在肝脏内经醇脱氢酶作用氧化成甲醛，进而氧化成甲酸，未被氧化的甲醇可以经呼吸和肾排出体外，部分经肠胃缓慢排出。

甲醇有较强的毒性，它的毒性由其本身及其代谢产物所致，甲醇对人体的神经系统、血液系统影响最大，表现为头晕、头痛、心悸、失明甚至死亡，特别对视神经和视网膜有特殊的选择作用，易引起视神经萎缩，导致双目失明。

（3）杂醇油。这是酒的芳香成分之一，但含量过高会对人体产生毒害作用，其毒性和麻醉力比乙醇强，毒性也比乙醇持久。

（4）氰化物。使用木薯、果核为原料酿酒时，由于原料本身含有较高的生氰糖苷，在制酒过程中氰苷水解后可产生氰氢酸，使酒中含有微量的氰化物。氰化物为剧毒物质，即使很少量也可以使人中毒，头晕头痛，口腔、咽喉麻木，恶心，呼吸加快，脉搏加快，严重者死亡。

（5）醛类。酒中醛类是相应醇类的氧化产物，主要有甲醛、乙醛、丙醛等，毒性比相应的醇强。

（6）铅。酵酒在蒸馏过程中，冷凝器、贮器和管道等设备中可能会有铅，当部分铅溶于酒中后，成品酒的铅成分增加，有可能影响人体健康。

（7）掺假。这是酒类市场上最严重、最常见的现象之一，往往用空瓶装入普通白酒冒充名酒，非法印刷假包装、假商标，有的还用工业酒精去勾兑成白酒出售，使其中甲醇含量过大、过高，致人中毒、失明，甚至死亡。应严加查处、加强管理。

2. 酿造酒的安全问题

酿造酒是以粮食、水果、乳类为原料，主要经酵母发酵工艺等酿制，不经过蒸馏，并在一定容器内经过一定时间的窖藏而制成。一般是酒精含量小于24%的酒类，主要包括啤酒、葡萄酒、水果酒和黄酒等。

关于酿造酒的安全性，我们以啤酒为例进行说明。

（1）双乙酰（丁二酮）。双乙酰是微绿黄色液体，有强烈的气味，其沸点是88 ℃，性质稳定，是多种香味物质的前体物质，是黄酒、蒸馏酒、奶酪等食物的主要香味物质。

双乙酰的生成主要受麦汁质量、母菌株、温度等因素的影响。

一般认为，双乙酰的急性毒性较低，但如果在啤酒中的含量较高，表现出刺激性，可引起接触者恶心、头痛和呕吐。

（2）醛类。目前在啤酒中被检测出的醛类物质有 50 多种，但对啤酒影响最大的醛类物质是乙醛。

乙醛是无色、易挥发并且有刺激性气味的液体，沸点为 20.8 ℃，可溶于水。乙醛易氧化和聚合，是乙醇和乙酸的前体物质。

啤酒中的乙醛是酵母进行乙醇发酵的中间产物，乙醛是乙醇在体内代谢的产物之一。在醛类中，乙醛的毒性仅次于甲醛，乙醛毒性相当于乙醇的 83 倍。一定量的乙醛对人体有强刺激性，它能够刺激人体的呕吐中枢，使人恶心、呕吐，能促进神经收缩而致头痛。长期饮用乙醛浓度高的酒，可引起面部涨红、心悸及血压下降等不适症状。

（3）杂醇油。杂醇油是啤酒发酵的主要代谢副产物之一，是构成啤酒风味的重要物质。适宜的杂醇油组成及含量，不但能促进啤酒具有丰满的香味和口味，且能增加啤酒原来酒体的协调性和醇原性。

啤酒中超量杂醇油的存在会带来令人不愉快的口味，饮后会出现"上头"现象。

（4）硫化物。酵母的生长和繁殖离不开硫化物，但某些硫的代谢物含量过高时，会给啤酒的风味带来某些缺陷。

（5）甲醛。啤酒是一种稳定性不强的胶体溶液，在生产中会出现多酚与蛋白质的结合，容易产生浑浊沉淀现象，影响产品外观。早在 20 世纪 60 年代，用甲醛作为提高非生物稳定性的成果就开始应用于国内啤酒酿造业。目前这个方法已逐步淘汰。

三、加工技术操作不当或违规会影响食品安全

在食品生产过程中要利用多种加工技术，但有些加工技术本身存在缺陷或运用不当时存在很多安全隐患，是食品安全控制不可忽视的一环。

（一）分离技术

分离过程是食品加工中的一个主要操作，它是依据某些理化原理将一种中间产品中的不同组分进行分离。常见的分离技术包括过滤、压榨、离心、萃取、超临界流体萃取和浸取、沉淀、絮凝、离子交换、膜技术等。

1. 过滤技术

过滤就是将物料通过过滤介质，留下一定大小的粒子。过滤用于澄清像果汁或植物油类的液体食品，从空气或液体食品中除去微生物，或从液体中分离出固体。其操作原理是通过控制对悬浮液施加压力，液体被迫通过过滤器，滤

渣则截留在过滤介质中。滤渣在过滤器中堆积直至液体无法通过过滤介质，在过滤单元操作过程中起着重要作用，过滤介质有棉饼、硅藻土等，最常用的是硅藻土。棉饼作过滤介质，易受到霉变污染而影响产品的品质。硅藻土介质过滤效率高但也容易引起细粒子串滤，设计并做好过滤层是保证产品质量的关键，如果操作不当会影响产品的质量，并可能产生有害物质残留。

2. 萃取分离技术

萃取分离分为液—液萃取和浸取。液—液萃取是分离均相液体混合物的又一种单元操作。被处理的混合物是固体，则称为固—液萃取，也称浸取、浸出、提取。在食品工业上，浸取是常见的单元操作，其重要性远超过液—液萃取。将选定的溶剂加到混合液或固体中，利用被萃取浸取物中各组分在溶剂中的溶解度差异而达到分离的目的。萃取时加入的溶剂称为萃取剂。大多数萃取剂有一定毒性，如苯、氯仿、四氯化碳、乙烷、乙烯、丙烯等，萃取剂在蒸馏或回收和产品精制过程在被萃取的产品中彻底除去。如在食品中残留会影响到食品的质量安全。

3. 超临界流体萃取技术

超临界流体萃取是一种新型的萃取技术。在稍高于临界点温度的区域内，压力稍有变化，即引起密度的很大变化，当超临界流体的密度接近于液体的密度，其溶解能力接近液体，而黏度接近于普通气体，自扩散能力比液体大100倍，超临界流体萃取技术就是利用流体的这种特性来分离物质。食品中的物质常用 CO_2 作为超临界流体萃取剂，CO_2 是一种无害气体，超临界流体萃取被认为是相对安全的萃取技术。但在萃取过程中，温度和压力处理不当会有较多的杂质混入产品中，影响产品的质量；超临界流体萃取所用夹带剂使用不当也会使有害物质带入食品中。

4. 沉淀技术

食品的沉淀分离技术又称食品成分的化学分离，沉淀分离技术主要用在液态混合物中的成分分离，包括：无机沉淀剂沉淀分离，有机沉淀剂沉淀分离，等电点沉淀分离，变性沉淀分离或其他沉淀分离法。沉淀分离技术多是往混合物中加入一些加工助剂，如有机、无机沉淀剂，用酸碱改变混合溶液的 pH 或是改变温度等参数，使待分离物质以无定形非结晶性的沉淀物析出而得以分离。如果这些加工助剂在生产过程中没能彻底除干净则会影响食品的质量和安全，如在酶制剂和蛋白质沉淀过程中加入的硫酸铵，它的残留可能影响食品的质量。这些加工助剂中的杂质也可能也会影响食品的质量，如酸碱中和过程中所含的杂质。

5. 絮凝技术

在食品分离技术中常用到絮凝的方法，加入铝、铁盐和有机高分子类的絮凝剂，其中铝离子对人体有一定危害；而有机高分子类絮凝剂虽有用量少、絮凝能力高、絮凝体粗大、沉降速率快、处理时间短等优点，但这类絮凝剂具有一定的毒性，使用时可能残留于产品中，产生安全性问题。

6. 吸附与离子交换技术

吸附在食品工业中是一种常见的分离方法，它是通过吸附剂来除去液体食品中存在的少量杂质。吸附是使气体或液体流动相与多孔固体颗粒相接触，使流动相中一种或多种组分被吸附于固体表面以达到分离的操作。

离子交换剂是一种带有可交换离子的不溶性固体。具有阳离子交换功能的物质为阳离子交换剂，能结合阴离子的带有正电荷的离子交换树脂为阴离子交换剂。

吸附与离子交换过程中的吸附剂和离子交换剂含有杂质，或可微溶于被处理的食品原料，或离子交换剂活化过程的活化剂没有清洗干净，都有可能给食品带入异味，影响到食品的质量。

7. 结晶技术

广义的结晶技术通常是指从均匀相中形成团体颗粒的过程，结晶是传统的纯化技术，是具有较久历史的纯化物质的有效方法。晶体是许多性质相同的粒子（包括分子、原子或离子）在三维空间中排列成有规则格子状的固态物质。

纯溶质从已通过初步净化的溶液中结晶出来，主要分为两步，第一步是以在过饱和溶液中产生的微观晶粒作为结晶的核心，称为晶核；第二步是以晶核为中心长大成为宏观的晶粒。

目前结晶技术在食品工业中广泛应用，如制糖业，生产白砂糖、结晶葡萄糖、冰糖等产品；氨基酸工业中的味精结晶，就是从稀溶液中将水的冻结结晶除去来浓缩溶质，即冷冻浓缩。

在结晶过程中，溶液不纯、在母液中含有较多杂质和有害成分，会沾附在晶体表面，不能有效去除都可能影响产品的纯度和质量。

8. 膜技术

膜技术是一种加工分离的新技术，广泛地应用在生物、化工、医药和食品等行业。虽然各种膜分离方法的机制不一样，但它们都具有一个共同的特征，就是用膜来实现各种成分的分离。膜分离具有以下特点：膜分离过程不发生相变化，能耗低，可在常温下进行，特别适用于热敏性物质的分离，只用压力作为推动力。

用于膜制造的材料有醋酸纤维、尼龙、氯乙烯—丙烯醋酸共聚物、聚丙二氯乙烯等。将制成的膜装置成平板式组件、管式组件和卷式组件来对食品原料进行加工分离。膜分离技术目前已成功地用在食品成分的分离、浓缩、提纯和副产品回收等操作上。

膜分离技术虽然在食品生产上是一项相对安全的加工新技术，但也存在潜在的食品安全问题。首先是膜的质量问题，有些膜粗制滥造、质量不过关，使用寿命短，在食品分离过程中造成穿孔，会带来安全问题，如纯水加工处理，穿孔后大量杂质进入纯水中，造成产品不合格；其次是膜组件反冲清洗不净、杂质堵塞膜孔，残留的食品成分会使微生物迅速繁殖，并使膜分离压力升高，损害膜造成，造成穿孔，污染食品；然后是膜的种类选择不当，所分离的食品成分与膜发生化学反应引起膜损伤，带来安全隐患。

（二）干燥技术

传统的干燥方法利用自然条件进行干燥（如晒干和风干），此方法的主要缺点是干燥时间长，并且很容易受到外界条件的影响，特别是遇到阴雨天气时产品容易霉烂；选择地点不当时，会沾染灰尘、碎石以及众多腐败微生物，造成食品的污染。采用机械设备干燥时会大大降低污染，但是仍然有可能出现安全问题。静态干燥时，可能存在切片搭叠而形成的死角；动态干燥时，干燥速率加快，而内阻较大的物料干燥至一定程度时，由于其内部水分扩散较慢，干燥速率会降低，干燥时间将延长。这样食品中的酶或微生物不能得到及时地抑制，可能引起食品风味和品质发生变化，甚至变质，这在油脂含量较高的食品中显得尤为突出。

近年来逐渐得到广泛应用的真空冷冻干燥技术，在我国由于机械设备方面存在着一些不足，如因为隔板温度不均匀而造成食品的干燥程度不均匀，使食品局部水分活度过高，有可能引起微生物的生长。同时，由于冷冻干燥的食品复原很快，如果包装过程中吸收空气中的水分和氧气，会影响食品的储存稳定性。

（三）蒸馏技术

蒸馏技术在食品加工中一般用于提取或纯化有机成分，比如白酒、酒精、甘油、丙酮及某些萃取过程中的溶剂回收等生产工艺中均采用该技术。

在蒸馏过程中，由于高温及化学酸碱试剂的作用，产品容易受到金属蒸馏设备溶出的重金属离子的污染。同时，由于设备的设计不当或技术陈旧，蒸馏出的产品可能存在副产品污染的问题，比较典型的例子就是酒精生产过程中的馏出物有甲醇、杂醇油、铅的混入。

（四）发酵技术

食品发酵过程中形成的某些副产品或工艺不适当形成的有毒物质会危害人体健康，主要有如下几方面的安全性问题。

（1）发酵生产中会不同程度地产生一些对人体有危害的副产品，如酒精发酵过程中形成的甲醇、杂醇油等。

（2）一些酵母可用来生产单细胞蛋白，但是酵母培养中核酸的含量占固形物的 7%~12%，过多食用核酸可能会对人体产生危害。

（3）发酵工艺控制不当，造成染菌或代谢异常，有可能在发酵产品中引入毒害性物质。

（4）某些发酵菌种如曲霉等在发酵过程中，可能产生某些毒素，危害到食品的安全。

（5）某些发酵添加剂本身就是有害物质，如在啤酒的糖化过程中为降低麦汁中花色甙的含量、改善啤酒的口感而添加的甲醛溶液（研究人员在积极寻找甲醛替代品），如果在糖化醪的煮沸过程中不能将甲醛排除干净，则会危害啤酒消费者的健康。

（6）通气发酵设备的空气过滤器是非常关键的部位，因为在发酵过程中需要不断向发酵液中补入无菌空气。如果空气过滤器发生问题，会使空气污染，造成发酵异常。某味精厂在生产过程中由于噬菌体的污染，连续倒罐，给生产带来惨重的损失。

（7）发酵罐的涂料受损后，罐体自身金属离子的溶出，造成产品中某种金属离子超标，严重者使产品产生异味。酱油生产中常出现铁离子超标，酱油出口时发现质量不合格一般是由于罐体中的铁离子溶出造成的。

（五）清洗技术

在食品加工过程中，对设备和容器的清洗与消毒不可避免地会用到洗涤剂和消毒剂，而洗涤剂和消毒剂在使用中可能会产生危害，其原因如下：①配制的化学药品对人体有危害；②配制过程中所采用的化学药品发生性变，由无毒的化学药品在环境（如高温高压、强酸强碱等）的影响下变成有毒物质；③由于使用不当带来的危害；④清洗剂对设备的腐蚀，造成设备使用寿命缩短，同时也存在着安全隐患，例如，耐压设备的清洗不要使用加热的高浓度次氯酸钠。

（六）杀菌和除菌技术

近年来，食品工业中的杀菌和除菌技术有了很大的发展，但在使用这些方法时仍有可能出现问题。杀菌一般分为加热杀菌和冷杀菌。

1. 加热杀菌

（1）高压蒸汽灭菌。此法是将食品（如罐头食品）预先装入容器，密封后采用 100 ℃以上的高压蒸汽进行杀菌。一般认为 121 ℃，15～20min 的杀菌强度就可杀死所有的微生物（包括细菌芽孢）。但因食品的种类不同，一般不采用统一的灭菌条件。有些食品在经过高温后，色泽、口味会发生变化，所以采用较低的杀菌强度，使之达到商业无菌的状态，但此种灭菌方式并不能保证完全杀灭其中所有的芽孢，有可能造成细菌的繁殖而使食品变质，甚至引起食物中毒。如肉毒梭状芽孢杆菌耐热性很强，在杀菌不彻底有个别芽孢存活时，能在罐头中生长繁殖并产生肉毒毒素引起食物中毒。

（2）巴氏消毒法。巴氏消毒法是指采用低于 100 ℃以下的温度杀死绝大多数病原微生物的一种杀菌方式，目的是杀灭病原菌的营养体，如传统消毒牛奶的方法就属此类。此法不能杀死耐热菌和芽孢。因此，一些耐热菌在条件成熟时易生长繁殖引起食物的腐败，有的能产生毒素，引起食物中毒。

2. 冷杀菌

（1）药剂杀菌。药剂杀菌指采用化学药物杀灭微生物的方法，这种方法主要用于设备及场地的杀菌。设备上的大量有机物可能会在微生物表面形成保护层，妨碍药剂与微生物的接触使其杀菌能力下降；此外，杀菌剂还受 pH 等条件的影响，由于杀菌效果在很大程度上受到制约，有可能造成食品的二次污染。同时，很多杀菌剂对人体有害，如杀菌后残留在食品中，达到一定浓度后也会产生安全问题，如环氧乙烷在对乙烯塑料（包装用）灭菌时，会在其中形成较多的残留，进而将毒物带入食品。

（2）辐照杀菌。辐照杀菌的机制是使用 γ 射线、X 射线和电子射线等照射后，使核酸、酶、激素等钝化，导致细胞生活机能受到破坏、变异或细胞死亡。辐照杀菌相对其他加工保藏如热杀菌、冷冻和化学保藏等，具有许多有价值的特点。经过辐照加工后，食品不会流下残留和污染可以保持食品原有的色香味，适应面广，工艺简单，成本较低。

不过，需要指出的是，过量或不充分的辐照剂量作用于食品都有可能导致食品安全性问题。因此，针对不同的作用对象和不同的要求，辐照的剂量应有所不同。辐照食品的安全性有赖于辐照应用规范的建立和实施。

（3）紫外线。紫外线主要用于空气、水及水溶液、物体表面杀菌。只能作用于直接照射的物体表面，对物体背后和内部均无杀菌效果；对芽孢和孢子作用不大。此外，如果直接照射含脂肪丰富的食品，会使脂肪氧化产生醛或酮，形成安全隐患。

（4）臭氧。臭氧杀菌是近几年发展较快的一种杀菌技术，常用于空气杀菌、水处理等。但是臭氧有较重的臭味，对人体有害，故对空气杀菌时需要在生产停止时进行，对连续生产的场所不适用。

3. 除菌

除菌是用各种物理手段除去附着于对象物表面上的微生物的技术，主要有空气过滤、水过滤、液体制品过滤。在过滤液体制品过程中，如制品中含有病毒和毒素，这一方法就显得无能为力。

综上所述，各种食品加工技术存在不同程度的安全问题。进一步完善食品加工的技术和正确的使用各种加工技术，解决其中的安全隐患问题也日趋重要。即使在发达国家，利用各种加工技术时也同样存在着食品安全的问题，因而解决食品加工技术中存在的安全问题已是世界食品安全发展的关键问题。

第二节　食品包装材料与食品安全

一、食品包装材料对食品安全的具体影响

现代包装给消费者提供了高质量的食品，同时也使用了种类更多的包装材料，食品包装材料品种和数量的增加，在一定程度上增加了食品的不安全因素。

包装材料直接与食物接触，很多材料的成分可迁移进食品中，这一过程一般称为"迁移"，可在玻璃、陶瓷、金属、硬纸板、塑料包装材料中发生。来自食品包装中的化学物质成为食品污染物，这个问题越来越受到人们的重视和注意，并在很多国家已经成为研究热点。现就塑料、橡胶、纸、金属、玻璃和搪瓷、陶瓷等包装材料对食品安全性的影响做简单介绍。

（一）塑料包装材料及其制品的食品安全性

1. 塑料包装材料污染物的主要来源

（1）由于塑料易带电，包装表面微尘杂质会污染食品。

（2）塑料材料本身含有部分有毒残留物质，主要包括有毒单体残留、有

毒添加剂残留、聚合物中的低聚物残留和老化产生的有毒物，它们将会迁移进入食品中，造成污染。

（3）包装材料由于回收和处理不当，带入污染物，不符合卫生要求，再利用时引起食品的污染。

2. 塑料包装材料中的有害物质

塑料中的低分子物质或添加剂很多，主要包括增塑剂、抗氧化剂、热稳定剂、紫外光稳定剂和吸收剂、抗静电剂、填充改良剂、润滑剂、着色剂、杀虫剂和防腐剂。在一定条件下，这些物质都易从塑料中迁移出。

热固性塑料聚酯是一类由苯乙烯聚合而成的聚合物。已证明在此类聚合物中，每千克塑料有 1 000~1 500 mg 的挥发性迁移物。这些挥发性物质的相对分子质量通常是小于 200 的化学物质，少部分挥发性成分的相对分子质量大于 200。在包装食品中常发现低聚物，以棕榈油为主，主要是由于聚合物的分裂，产生高浓度的低聚物而迁移进入食品中。进入包装食品中的迁移物主要包括苯、乙苯、苯甲醛和苯乙烯，它们的迁移对人体具有非常大的危害性。

3. 测定塑料包装材料中有害物质的溶出残留量的方法

对于塑料包装材料中有害物质的溶出残留量的测定，一般采用模拟溶媒溶出试验进行，同时进行毒理试验，评价包装材料毒性，确定有害物的溶出残留限量和某些特殊塑料材料的使用限制条件。溶出试验是在模拟盛装食品条件下选择几种溶剂作为浸泡液，然后测定浸泡液中有害物质的含量。

（二）橡胶包装材料的食品安全性

1. 橡胶的毒性来源

橡胶在加工时添加多种助剂，如活性炭、硫化剂、防老化剂、填充剂等，因此橡胶的主要卫生问题是橡胶本身所含单体和添加剂的毒性两个方面。

（1）合成橡胶。合成橡胶是由单体聚合成的高分子聚合物，当用橡胶制品盛装食品过程中，食品在水蒸气、油脂、酸性、高温等环境中，橡胶制品中的单体有可能向食品中移行，造成污染。食品工业上常用的橡胶包装材料有丁腈橡胶、丁苯橡胶、乙苯橡胶、硅橡胶等。

（2）橡胶添加剂。橡胶合成中的添加剂在接触食品过程中可溶出，对人体造成危害。主要的添加剂有以下几种。

①促进剂。可提高橡胶的硬度、耐热性和耐浸泡性。有无机促进剂和有机促进剂 2 种，其中无机促进剂对人体安全；而有机促进剂具有毒性，对人体健康危害较大，如二硫化四甲基秋兰姆、二硫化氨基甲酸盐等都有毒性。而六甲四胺能分解出甲醛，硫脲类、噻唑类等有致癌作用，现已被禁止用于食品

工业。

②防老化剂。防老化剂可提高橡胶的耐热性、耐酸性及耐臭氧性等。其中酚类化合物较为安全，引起卫生问题的主要是萘胺类化合物，如 β-萘胺可致膀胱癌。

③填充剂。常用的有炭黑与氧化锌两种，炭黑含有多环芳烃如苯并芘，有致癌、致畸作用，所以在橡胶使用中的炭黑应用高温处理将其除去。

2. 橡胶包装材料对食品安全的影响

橡胶制品的包装材料除奶嘴、瓶盖、垫片、垫圈、高压锅圈等直接接触食品外，食品工业中应用的橡胶管道对食品安全也会有一定的影响。橡胶制品可能接触酒精饮料、含油的食品或高压水蒸气而溶出有毒物质。

(三) 纸和纸板包装材料的食品安全性

1. 认识纸

纸是一种古老而传统的包装材料，在现代包装工业体系中，纸和纸包装容器占有非常重要的地位。目前我国包装材料中纸质占40%左右，用于食品包装的纸主要有玻璃纸、牛皮纸、食品包装纸等。从发展趋势来看，纸包装材料的用量会越来越大。

造纸的原料主要有木浆、棉浆、草浆和废纸，使用的化学辅助原料有硫酸铝、纯碱、亚硫酸钠、次氯酸钠、松香和滑石粉等。

2. 纸和纸板包装材料对食品安全性的影响

纯净的纸是无毒、无害的，但由于原材料受到污染，或经过加工处理，纸和纸板中通常会有一些杂质、细菌和某些化学残留物，如挥发性物质、农药残留、制浆用的化学残留物、重金属、荧光物质等，从而影响包装食品的安全性。

3. 食品包装用纸的食品安全问题

目前，食品包装用纸的食品安全问题主要是：①纸原料不清洁，有污染，甚至霉变，使成品染上大量霉菌；②经荧光增白剂处理，使包装纸和原料纸中含有荧光化学污染物；③包装纸涂蜡，使其含有过高的多环芳烃化合物；④彩色颜料污染，如糖果所使用的彩色包装纸，涂彩层接触糖果造成污染；⑤挥发性物质、农药及重金属等化学残留物的污染。

(四) 金属包装材料对食品安全性的影响

铁和铝是目前使用的两种主要的金属包装材料，其中最常用的是马口铁、无锡钢板、铝和铝箔等。金属包装容器主要是以铁、铝或铜等金属板、片加工成型的桶、罐、管等，以及以金属箔（主要为铝箔）制作的复合材料容器。另外还有铜制品、锡制品和银制品等。

马口铁罐头罐身为镀锡的薄钢板，但锡会溶出而污染罐内食品。在过去的几十年中，由于罐藏技术的改进，已避免了焊缝处铅的迁移，也避免了罐内层锡的迁移。如在马口铁罐头内壁上涂上涂料，这些替代品有助于减少锡铅等溶入罐内，但有实验表明，由于表面涂料而使罐中的迁移物质变得更为复杂。

铝制品的主要食品安全性问题在于铸铝中和回收铝中的杂质。目前使用的铝原料的纯度较高，有害金属较少，而回收铝中的杂质和金属难以控制，易造成食品的污染。

铝的毒性表现为对脑、肝、骨、造血细胞的毒性。临床研究证明，透析性脑痴呆症与铝有关；长期输入含铝营养液的病人，发生胆汁淤积性肝病，肝细胞有病理改变，同时动物试验也证实了这一病理现象。铝中毒时常见的是小细胞低色素性贫血。我国规定了金属铝制品包装容器的卫生标准。

（五）玻璃包装材料的食品安全性

玻璃是一种古老的包装材料，主要成分是 SiO_2，再添加一些金属氧化物（如 CaO、Na_2O 等）、澄清剂、着色剂及脱色剂等，经高温熔融再冷却凝固而成。玻璃具有其他包装材料不可比拟的化学稳定性和高阻隔性，在常用的食品包装材料中，玻璃的卫生安全性是最高的，玻璃容器经过清洗消毒即可反复使用。

虽然玻璃是一种惰性材料，本身不存在安全性问题，但这类材料一般都是循环使用，在使用过程中瓶内可能存在异物和清洗剂、消毒剂的残留。

（六）陶瓷和搪瓷包装材料对食品安全性的影响

陶瓷及搪瓷在食品包装上也应用较广，如腌制蔬菜、罐头、酒类、传统风味品等食品的包装。陶瓷是以高岭土、陶土或黏土为主要原料，加入长石、石英等矿物质的混合物，然后经成型、干燥及上釉等工序，再用高温烧结而成。搪瓷则是以铁皮作坯料，经搪釉、喷花后以 800~900 ℃烧结制成。

陶瓷容器美观大方，促进销售，特别是其在保护食品的风味上具有很好的作用。但由于其原材料来源广泛，反复使用以及在加工过程中所添加的物质而使其存在食品安全性问题。陶瓷容器的主要危害来源于制作过程中在坯体上涂的陶釉、瓷釉、彩釉等。釉是一种玻璃态物质，釉料的化学成分和玻璃相似，主要是由某些金属氧化物硅酸盐和非金属氧化物的盐类的溶液组成。

搪瓷容器的危害也是其瓷釉中的金属物质。釉料中含有铅、锌、镉、锑、钡、钛等多种金属氧化物硅酸盐和金属盐类，它们多为有害物质。当使用陶瓷容器或搪瓷容器盛装酸性食品（如醋、果汁）和酒时，这些物质容易溶出而迁移入食品，甚至引起中毒，如铅溶出量过多。

二、食品包装材料的性能要求及发展趋势

（一）食品包装材料的性能要求

食品包装材料作为食品的一种"特殊的添加剂"和食品的一个重要组成部分，本身不应含有毒物质，除应具有安全性外，还应满足以下性能要求。

（1）食品包装材料必须具有对气体、光线、水及水蒸气等的高阻隔性：包装油脂食品要求具有分阻氧性和阻油性，包装干燥食品要求具有高阻湿性；包装芳香食品要求具有保香性；而果品、蔬菜类生鲜食品要求包装具有高的氧气、二氧化碳和水蒸气的透气性。

（2）食品包装材料还要有机械适应性：抗拉伸、抗撕裂、耐冲击、耐穿划。

（3）优良的化学稳定性：不与内装食品发生任何化学反应，确保食品安全。

（4）较高的耐温性，满足食品的高温消毒和低温贮藏等要求。

（5）为了提高食品包装的效果和食品的商品价值，要求包装材料具有密封性、热封性和一定的透明性和光亮度，且印刷性能好。

（6）对消费者的方便性：指包装食品的易开性，食用容器的兼用性等。需要指出的是，不能将工业包装袋用作食品包装袋，食品包装材料的隔阻性赋予了其保护食品的功能，也是包装材料的关键性要求。当然，同时也要考虑包装材料的可回收性与经济性。

（二）食品包装材料的趋势

目前，食品包装材料发展的趋势会涉及五个方面。

1. 包装材料减量化

这既是厂家降低运行成本的需要，也是环保的需要。因此，我们预见到食品等快速消费的包装材料的薄型化、轻量化已成为一种趋势。如在塑料软包装材料中，已经出现了能够加工更薄的薄膜且加工难度不大的新型原材料。在纸包装行业中，为了适应包装减量、环保的要求，微型楞纸板的风潮已经兴起，并开始向更细微的方向探索。在包装容器方面，国外还开始了刚性塑料罐的研制，希望以其质量小、易成型、价格低的优势取代金属容器，目前可蒸煮、饮

料聚酯罐和牛奶聚丙烯罐等已见成效。

2. 材料使用安全化

民以食为天，食以安为先，食品包装材料也要重视安全化。随着社会进步和科技的发展，人们对自身健康更加重视，食品企业对产品的安全控制力度逐步加大，对包装材料的卫生和功能安全的要求越来越严格，对包装材料防护范围也逐步扩大。例如，目前已出现了新型高阻隔包装材料、抗菌包装、除氧化活性包装。所谓新型高阻隔包装材料有铝箔、尼龙、聚酯、聚偏二氯乙烯等，它们不仅可以提高对食品的保护，而且在包装相同量食品时可以减少塑料的用量，对要求高阻隔的食品及真空包装、充气包装，一般都要用复合材料。

抗菌包装一般用抗微生物的塑料薄膜，它可以在一定期限内逐渐向食品释放防腐剂，不仅有效地保证了食品质量，还可以解决食品保护初期消费者摄入较多的防腐剂问题。

除氧活性包装，目前利用对氧具有高阻隔的塑料及应用在包装方面的技术已十分成熟，它们可最大限度地减少氧气含量（如真空包装或改性气体包装）。20 世纪 70 年代，除氧活性包装体系应运而生，其中铁系除氧剂是发展较快的一种，先后出现了亚硝酸盐系、酶催化系、有机脱氧剂、光敏脱氧剂等。如使用内层涂有抑氧的啤酒瓶盖，能在装瓶后大约 9 个月时间内保持啤酒的原始风味和口感不变。

3. 生产设备高效化

随着科技不断进步，各种新型商品和新型包装设备不断出现，因此快速消费品企业的生产集中度和自动化程度得到不断的提高，其中包装设备正在向大型化、快速化、高效化、自动化方向发展。例如在巧克力、冰激凌等一些热敏感性产品的包装中，低温快速封合的包装材料正在逐渐代替传统的热压封合包装材料。低温快速封合的包装是用特殊胶水代替热封局部涂布在基材表面，然后在常温下挤压封合。由于减少热传递时间，封合速度大大提高，通常情况下，其封合速度是热压封合材料速度的 8~10 倍，同时还消除了加热材料可能带来的异味。由于是局部涂布，还大大节省了材料。

4. 包装材料智能化

随着物质生活的日渐丰富，人们要求食品包装美观的同时还具有保鲜、防腐、抗菌、防伪、延长保质期等多种功能。

智能包装包括功能材料型智能包装、功能结构型智能包装及信息型智能包装。具体体现：利用新型的包装材料、结构和形式对商品的质量和流通安全性进行积极干预与保障；利用信息收集、管理、控制与处理技术完成对运输包装系统的优化管理。用于食品安全包装的智能包装材料主要有显示材料、杀菌材料、测菌材料等。如加拿大推出的可测病菌包装材料可检测出沙门氏菌、弯曲杆菌、大肠埃希菌和李斯特菌 4 种病原菌，很有特色，深受欢迎。

5. 结构形式新颖化

随着市场竞争的加剧，同类产品之间的差异性在逐步减少，品牌使用价值的同质性逐步增大，产品销售对终端陈列的依赖性越来越大，直接导致企业通过包装来突出自己的产品与其他产品的差异，吸引消费者选购。于是，形式、结构新颖的包装相继涌现。

第三节　食品运输过程与食品安全

一、影响食品安全性的因素

食品在运输过程中，影响食品安全性的因素主要有：所运食品的种类；运输时间的长短；运输工具的卫生质量；包装材料的质量和完整程度；是否发生腐败变质等。

二、食品运输过程中的卫生要求

（一）防止食品在运输过程中被污染

（1）运输食品的工具、容器等应保持清洁卫生，建立健全必要的清洗消毒卫生制度。

（2）直接入口的食品应用专用容器加盖运输，以防尘、防蝇。在交接时要采用以箱换箱的方式，避免人手接触食品。

（3）食品严禁与放射性物质、有毒物质、污秽物质和农药化肥等同车同船装运。装载过以上物品的车船、工具、毡布要洗刷、消毒、清洗后经过有关部门检查合格后方可运输食品。

（4）运输肉品的工具、容器在每次使用前必须清洗消毒，装卸肉品时注意操作卫生。运输鲜肉要求使用密闭冷藏车（船舱），敞车短途运输必须上盖下垫；运输熟肉制品应有密闭的包装容器，专车专用。

（二）改善食品的运输条件

（1）尽量使用专用运输工具、密闭容器运输食品，装卸过程食品不得接触地面。

（2）易腐烂变质的食品应在低温冷藏条件下运输。

（3）运输粮食的车厢，应清洁、卫生、无异味，运输中要盖好苫布，防雨防潮，粮食包装袋必须专用，防止染毒。

（4）鲜蛋的包装容器和运输工具要清洁、干燥、无臭，运输时应有防雨、防晒、防冻设备。

（三）注意装运方法

（1）生熟食品、食品与非食品、易于吸收气味的食品和有特殊气味的食品应分开装运。

（2）不要损坏包装，使之完整良好。

（3）运输活畜、禽时，要避免过于拥挤，途中要供给足量的水和饲料。注意疫情，接收单位要验收畜禽的检疫证明。

另外，要提高运输效率，尽量缩短运输时间，根据供销情况有计划地调运食品，尽量避免重复拆装和多次运输，减少污染机会。托运、承运食品的单位，应共同检查，出现异常情况如运输工具不符合卫生要求不接货，食品不符合卫生要求不交货。

第八章　食品安全的监督管理

食品安全监督管理是一项涉及多领域、多行业、多环节的系统工作，需要建立制度严格、分工合理、管理协调和发展配套的管理体制，从而实现从生产到成品全过程、全方位、多角度的管理和控制模式。目前我国经济发展迅速、中小企业和个体户众多、部分食品生产经营者和从业人员素质有待提高，加强食品安全监督管理就更为重要。本章将简要介绍食品安全法律体系，简述食品质量安全市场准入制度与食品召回制度，探究食品安全风险监测与进出口食品安全监管体系。

第一节　食品安全法律体系

食品安全法是国家食品安全法律规范的总称，关系到消费者权益和全民身体健康。我国在食品安全与卫生法制管理方面做出了很大的努力，现已建立了较为完善的食品安全卫生法律体系。依据食品安全卫生法律规范的具体表现形式及其法律效力层级，食品安全卫生法律体系由法律、法规、规章、标准等具有不同法律效力层级的规范性文件构成。食品安全卫生法律、法规与标准是企业和个人从事食品生产经营活动必须遵守的行为准则，是消费者保护自身合法权益的法律武器，是政府实施食品安全监督的重要法律依据。

一、食品安全相关法律

《食品安全法》以《中华人民共和国宪法》为依据，是我国食品安全卫生法律体系中法律效力层级最高的法律，是制定从属性食品安全卫生法规、规章及其他规范性文件的根本依据。《食品安全法》规定，国家实行由法律所确立、具有强制力的食品安全监督制度，全国各地区、各部门、各行业等都要实

行和遵守这个制度，具有严肃性、普遍性、强制性。❶

《食品安全法》共 10 章 104 条，对食品安全监管体制、食品安全标准、食品安全风险监测和评估、食品生产经营、食品安全事故处置等各项制度进行了明确界定。确立了国家、地方政府全面负责食品安全监督管理，行业协会、社会团体、新闻媒体、组织和个人参与的食品安全监督制度。

《食品安全法》规定，国家建立食品安全风险监测和食品安全风险评估制度，对食源性疾病、食品污染以及食品中的有害因素进行监测；对食品、食品添加剂中生物性、化学性和物理性危害进行风险评估。其结果是制定、修订食品安全标准和对食品安全实施监督管理的科学依据。

现已颁布实施的与食品安全卫生有关的法律还有：《产品质量法》《农产品质量安全法》《突发事件应对法》《农业法》《标准化法》《商标法》《计量法》《消费者权益保护法》《进出口商品检验法》《进出境动植物检疫法》《境内卫生检疫法》《国境卫生检疫法》《动物检疫法》《传染病防治法》《反不正当竞争法》《专利法》《技术合同法》等。

二、食品安全行政法规

行政法规有国务院制定的行政法规和地方性行政法规两类。行政法规的法律效力层级低于法律，但高于部门规章。行政法规是由国务院制定的规范性法律文件，可以国务院名义直接发布或由国务院批准，由卫生部等行政部门发布，如《乳品质量安全监督管理条例》《生猪屠宰管理条例》《农业转基因生物安全管理条例》《突发公共卫生事件应急条例》《食盐专营办法》《国务院办公厅关于废止食品质量免检制度的通知》《国务院关于加强产品质量和食品安全工作的通知》《国务院关于加强食品等产品安全监督管理的特别规定》《国家重大食品安全事故应急预案》《食品召回管理规定》。

地方性行政法规是指省、自治区、直辖市及其政府所在地的市和经国务院批准的较大的市的人民代表大会及其常务委员会根据本行政区域的情况和实际需要，在不与宪法、法律、行政法规相抵触的前提下，按法定程序所制定的地方性法规的总称。仅在发布地有效。

三、食品安全部门规章

国家食品药品监督管理局行使食品、药品、化妆品安全监督管理职能，负

---

❶ 赵建春. 食品营养与安全卫生［M］. 北京：旅游教育出版社，2013：208.

责食品、保健品安全管理的综合监督和组织协调，并依法组织开展对重大事故的查处。

农业行政管理部门主管全国农产品质量安全的监督管理工作，组织建设农产品标准化生产基地，实施农产品质量安全例行监测制度。

商务（经贸）部门负责加强食品流通的行业指导和管理，推进流通体制改革，建立健全食品安全检测体系。

卫生部门负责积极推行食品卫生监督量化分级管理制度，加强食品卫生日常监管和卫生许可证发放的监督管理，强化对学校食堂和餐饮业的卫生监督，进一步完善食物污染物监测网络。

工商行政管理部门负责食品生产企业及个体工商户的登记注册工作，取缔无照生产经营行为，加强上市食品质量监督检查，严肃查处虚假食品广告、商标侵权的违法行为。

质检部门负责对食品生产加工企业的监督管理，组织专项监督抽查，推行食品认证，全面实施加工食品质量安全市场准入制度，查处生产假冒伪劣食品和无证生产的违法行为，负责实施对进出口食品的检验检疫和质量安全监督管理。

部门规章包括国务院各行政部门制定的部门规章和地方人民政府制定的规章。食品及食品原料管理规章，如《新资源食品管理办法》《食糖卫生管理办法》《新资源食品安全性评价规程》《食品添加剂卫生管理办法》《保健食品管理办法》《冷饮食品卫生管理办法》《粮食卫生管理办法》《蛋与蛋制品卫生管理办法》《水产品卫生管理办法》等各种食品卫生管理办法。

食品生产经营管理规章，如《食品生产加工企业质量安全监督管理办法》《餐饮业食品卫生管理办法》《出口食品厂、库卫生要求》《学生集体用餐卫生监督办法》《街头食品卫生管理办法》《食品标识管理规定》《食品卫生许可证管理办法》等。

食品包装材料及容器管理规章，如《食品包装用原纸卫生管理办法》《食品用塑料制品及原材料卫生管理办法》等。

食品卫生监督管理规章，如《食品卫生监督程序》《食品卫生行政处罚办法》《重大活动食品卫生监督规范》《进出境肉类产品检验检疫管理办法》《出口食品生产企业卫生注册登记管理条例》等。

四、食品安全卫生标准及其他规范性文件

食品卫生标准是指为保护人体健康，对食品中具有卫生学意义的特性所做的统一规定，它是食品安全法律体系的重要组成部分。

规范性文件不属于法律、行政法规和部门规章，也不属于标准等技术规范。这类规范性文件如国务院或各行政部门所发布的各种通知等，地方政府相关行政部门制定的食品卫生许可证发放管理办法，以及食品生产者采购食品及其原料的索证管理办法，也是不可缺少的，同样是食品安全卫生法律体系的重要组成部分。

第二节　食品质量安全市场准入制度

所谓市场准入，一般是指货物、劳务与资本进入市场的程度的许可。对产品的市场准入可理解为，市场的主体（产品的生产者与销售者）和客体（产品）进入市场的程度的许可。因此，食品质量安全市场准入制度是为了保证食品的质量安全，具备规定条件的生产者才允许进行生产经营活动，具备规定条件的食品才允许生产销售的一种监管制度。实行食品质量安全市场准入制度是一种政府行为，是一项行政许可制度。

国家质量监督检验检疫总局（2018 年，将其职责整合，组建中华人民共和国国家市场监督管理总局，不再保留中华人民共和国国家质量监督检验检疫总局）于 2002 年下半年起在部分省、市启动了食品质量安全市场准入制度。首批被准入的是米、面、油、酱油、醋五类常用食品。相关的食品生产企业必须在获得食品生产许可证、得到食品市场准入资格后，才能把所生产的食品投放市场销售。这是我国食品安全方面与国际接轨所采取的一项重大措施。并计划从 2004 年第一季度起，全面实施食品安全市场准入制度，所涉及的食品将由最初的肉制品、奶制品、茶叶、饮料、调味品、方便食品，分期分批地过渡到所有食品品种。目前，我国 28 大类 500 多种食品已悉数纳入市场准入管理。

2015 年，《食品生产许可管理办法》（国家食品药品监督管理总局令第 16 号）规定了申请食品生产许可，应当按照以下食品类别提出：粮食加工品，食用油、油脂及其制品，调味品，肉制品，乳制品，饮料，方便食品，饼干，罐头，冷冻饮品，速冻食品，薯类和膨化食品，糖果制品，茶叶及相关制品，酒类，蔬菜制品，水果制品，炒货食品及坚果制品，蛋制品，可可及焙烤咖啡产品，食糖，水产制品，淀粉及淀粉制品，糕点，豆制品，蜂产品，保健食品，特殊医学用途配方食品，婴幼儿配方食品，特殊膳食食品，其他食品等。这意味着，我国食品质量安全市场准入制度已完成对所有食品的全面覆盖。

一、食品质量安全市场准入制度的实行目的

(一) 提高食品质量，保证消费者安全健康

食品是一种特殊商品，它直接关系到每个消费者的身体健康和生命安全。近年来，在人民群众生活水平不断提高的同时，食品质量安全问题也日益突出。食品生产工艺水平较低，产品抽样检测合格率不高，假冒伪劣产品屡禁不止，食品质量安全问题造成的中毒及伤亡事故屡有发生，已经严重影响到人民群众的安全和健康。为从食品生产加工的源头上确保食品质量安全，必须制订一套符合社会主义市场经济要求、运行有效、与国际通行做法一致的食品质量安全监管制度。

(二) 保证食品生产加工企业的基本条件，强化食品生产法制管理

我国食品工业的生产技术水平总体上同世界先进水平还有较大差距。许多食品生产加工企业规模极小，加工设备简陋，环境条件很差，技术力量薄弱，质量意识淡薄，难以保证食品的质量安全。有些食品加工企业不具备产品检验能力，产品出厂不检验，企业管理混乱，不按标准组织生产。企业是保证和提高产品质量的主体，为保证食品的质量安全，必须加强食品生产加工环节的监督管理，从企业的生产条件上把住生产准入关。

(三) 适应改革开放，创造良好经济运行环境

在我国的食品生产加工和流通领域中，降低标准、偷工减料、以次充好等违法犯罪活动比较猖獗。为规范市场经济秩序，维护公平竞争，适应加入WTO以后我国社会经济进一步开放的形势，保护消费者的合法权益，必须实行食品质量安全市场准入制度，采取审查生产条件、强制检验、加贴标识等措施，对各类违法活动实施有效的监督管理。

二、食品质量安全市场准入制度的基本准则

(一) 事先保证和事后监督相结合

为确保食品质量安全，必须从保证食品质量的生产必备条件抓起，因此要实行生产许可证制度，对企业生产条件进行审查，不具备基本条件的不发放生产许可证，不准进行生产。但只把住这一关还不能保证进入市场的都是合格产

品，还需要有一系列的事后监督措施，包括实行强制检验制度、合格产品标识制度、许可证年审制度以及日常的监督检查，对违反规定的还要依法处罚。概括地说，要保证食品质量安全，事先保证和事后监督缺一不可，两者要有机结合。

（二）分类管理、分步实施

食品的种类繁多，对人身安全的危害程度高低不同，同时对所有食品都采用一种模式管理，是不科学和不必要的，还会降低行政效率。因此，有必要按照食品的安全要求程度、生产量的大小、与人们生活的相关程度，以及目前存在的问题的严重程度等，分轻重缓急实行分类分级管理。

三、食品质量安全市场准入制度的内容

国家食品药品监督管理总局2017年修订的《食品生产许可管理办法》第二条和第四条规定：在中华人民共和国境内，从事食品生产活动，应当依法取得食品生产许可。❶ 食品生产许可实行一企一证原则，即同一个食品生产者从事食品生产活动，应当取得一个食品生产许可证。从事食品生产加工的企业，必须具备保证食品质量安全必备的生产条件，按规定程序获取食品生产许可证，未取得食品生产许可生产的食品不得出厂销售。具体包括生产许可证制度和市场准入标志制度。

（一）食品生产许可证制度

实行生产许可证管理是指对食品生产加工企业的环境条件、生产设备、加工工艺过程、原材料把关、执行产品标准、人员资质、贮运条件、检测能力、质量管理制度和包装要求等条件进行审查，并对其产品进行抽样检验。对符合条件且产品经全部项目检验合格的企业，颁发食品生产许可证，允许其从事食品生产加工。

《食品安全法》规定，我国对食品、食品添加剂实施生产许可制度，在中华人民共和国境内从事食品生产和加工活动的，应当依法取得许可。为规范食品、食品添加剂生产许可活动，加强食品生产监督管理，保障食品安全，国家食品药品监督管理总局同步修订施行新版《食品生产许可管理办法》（以下简称《办法》）。作为食品安全法的配套规章，《办法》规定了食品生产许可的申请、受理、审查、决定及其监督检查要求。《办法》最主要的变化概括起来

---

❶ 翟海燕. 食品质量检验［M］. 2版. 北京：中国计量出版社，2018：257.

主要是"五取消""四调整""四加强"。

"五取消"指：取消部分前置审批材料核查；取消许可检验机构指定；取消食品生产许可审查收费；取消委托加工备案；取消企业年检和年度报告制度。

"四调整"指：调整食品生产许可主体，实行一企一证；调整许可证书有效期限，将食品生产许可证书由原来 3 年的有效期限延长至 5 年；调整现场核查内容；调整审批权限，除婴幼儿配方乳粉、特殊医学用途食品、保健食品等重点食品原则上由省级食品药品监督管理部门组织生产许可审查外，其余食品的生产许可审批权限可以下放到市、县级食品生产监管部门。

"四加强"指：加强许可档案管理；加强证后监督检查；加强审查员队伍管理；加强信息化建设。

整个《办法》的内容，可总结为"五增二减"。

"五增"指：

（1）范畴扩大。把保健食品、食品添加剂纳入食品生产许可的范畴，也就是保健食品、食品添加剂的生产同是发放食品生产许可证。

（2）主体资格扩大。以前只有企业法人、合伙企业、个人独资企业才能申请 QS，把个体工商户排除在外，现在是法人、企业、个体工商户均能申请食品生产许可证。

（3）有效期延长。有效期从 3 年延长至 5 年。

（4）食品许可类别增多。发证单元从 28 大类增加到 31 大类。

（5）许可证载明的事项增多。许可证正本要载明日常监管机构、日常监管人员、投诉举报电话、签发人、二维码等信息，副本还要载明外设仓库。

"二减"指：

（1）证书形式的减少。正本、副本、附页减少为正本、副本。

（2）换证程序的简化。如果企业声明生产条件未发生变化，可以不进行现场核查，仅是对书面材料进行审查，大大简化了企业换证的时间、流程。

为指导食品生产许可审查工作，2016 年 8 月，国家食品药品监督管理总局印发《食品生产许可审查通则》（以下简称《通则》），作为《办法》的配套技术文件。《通则》共 5 章 56 条，主要内容包括适用范围、申请材料审查、现场核查、核查结果上报和检查整改要求等。其严格划分了许可审查的方式，优化了现场核查要求，完善了许可审查机制，提出了行政许可方便服务机制。主要体现在以下几方面。

其一，《通则》将生产许可审查划分为申请材料审查和现场核查两种方式。对许可延续、生产食品品种变化、法人代表人事变更等，可以仅通过申请材料审查决定是否准予许可。同时，为严格生产条件，保证食品质量安全，《通则》规定，对工艺流程、主要生产设备设施、食品类别发生变化的，必须进行现场核查。

其二，优化了现场核查要求。《通则》第 19 条规定了必须进行现场核查的情形，并在第 3 章全面规定了现场核查的人员、核查的内容、核查的程序、工作时限要求、核查记录及核查结果确认等。特别是在现场核查中明确了观察员参与现场核查的要求，优化了核查评分表、签到表，提高了现场核查的可操作性。

其三，完善了许可审查机制。赋予申请人整改机会，对于判定结果为通过现场核查但存在一些管理瑕疵的情况，准予申请人在 1 个月内进行整改，并将整改结果向负责对申请人实施食品安全日常监督管理的食品药品监督管理部门书面报告。发放生产许可后，由负责对申请人实施食品安全日常监督管理的食品药品监督管理部门或其派出机构在许可后 3 个月内对获证企业开展一次监督检查，重点检查现场核查中发现的问题是否已进行整改。

其四，提出了行政许可方便服务机制。主要体现在：应逐步下放许可决定的权力，尽可能让申请人到所在地市县级许可机关申请许可事项，提高行政效率、方便申请人；准许申请人委托代理人申请生产许可证。对换证审查能够不进行现场核查的尽量不进行现场核查；对能够当场做出许可决定的，应当场决定；能即时办结的事项，要抓紧即时办结。同时，改进许可工作方式，积极推进电子政务，运用信息网络等现代技术手段，提高管理水平和效率、简化程序、减少环节，切实提高管理水平、强化服务、方便群众。

新《通则》施行后，结合食品药品监管部门"五取消、四调整、四加强"的举措，从许可申请、现场核查、换发证书等多个方面体现了便民惠民的原则，解决了申请材料多、审查程序繁复、审批时间长等问题。

《通则》与 2010 年公布并应用的通则相比主要有三大变化：第一，实现了通用性，食品（含保健食品、特殊医学用途配方食品、婴幼儿配方食品）、食品添加剂均可应用该《通则》，并对同一企业生产不同类别食品，统一审查基本要求；第二，实现许可与监管的联通，将现场核查中发现问题的整改由企业在取得许可证后一个月内完成；第三，简化了许可审查条件、要求和内容。

（二）食品市场准入标志制度

获得食品质量安全生产许可证的企业，其生产加工的食品经出厂检验合格的，在出厂销售之前，必须在最小销售单元的食品包装上标注由国家统一制定的食品质量安全生产许可证编号"SC"标志，即"食品生产许可"中"生产"的汉语拼音首字母缩写。

为规范食品生产经营许可活动，加强食品生产经营监督管理，保障公众食品安全，国家食品药品监督管理总局发布了《食品生产许可管理办法》和《食品经营许可管理办法》，自2016年10月1日起实施，"QS"认证标志将退出舞台，使用食品生产许可证编号"SC"标志，至2018年10月1日后生产的食品一律不得继续使用"QS"标志。

"SC"标志由字母SC与14位阿拉伯数字组成。数字从左到右依次为：3位食品类别编码、2位省（自治区、直辖市）代码、2位市（地）代码、2位县（区）代码，4位顺序代码、1位校验码。

"SC"标志取代食品"QS"标志，一是严格执行法律法规的要求，因为新《食品安全法》明确规定食品包装上应当标注食品生产许可证编号，没有要求标注食品生产许可证标志；二是新的食品生产许可证编号完全可以达到识别、查询的目的。之前的"QS"标志对应的是质量安全要义，体现由政府部门担保的食品安全，新"SC"标志是生产要义，是企业唯一生产许可编码，体现食品生产企业在保证食品安全方面的主要地位。

《食品生产许可管理办法》规定食品生产许可证应当载明：生产者名称、社会信用代码（个体生产者为身份证号码）、法定代表人（负责人）、住所、生产地址、食品类别、许可证编号、有效期、日常监督管理机构、日常监督管理人员、投诉举报电话、发证机关、签发人、发证日期和二维码。副本还应当载明食品明细和外设仓库（包括自有和租赁）具体地址。生产保健食品、特殊医学用途配方食品、婴幼儿配方食品的，还应当载明产品注册批准文号或者备案登记号；接受委托生产保健食品的，还应当载明委托企业名称及住所等相关信息。

第三节　食品召回制度

产品召回是一种产品安全管理制度，始于1966年，美国汽车行业根据《国家交通与机动车安全法》明确规定汽车制造商有义务召回缺陷汽车❶。此后，美国在多项产品安全和公众健康的立法中引入缺陷产品召回制度，食品是其中一个重要领域。

---

❶ 白新鹏，张伟敏，王洪新. 食品安全危害及控制措施［M］. 北京：中国计量出版社，2010：209.

食品召回制度是指食品的生产商、进口商或者经销商在获悉其生产、进口或经销的食品存在可能危害消费者健康安全的缺陷时，依法向政府部门报告，及时通知消费者，并从市场和消费者手中收回有问题产品，予以更换、赔偿的积极有效的补救措施，以消除不安全食品（或称"缺陷食品"）危害风险的制度。

从食品召回制度的设计初衷与实践效果分析，该制度设计的目的是避免潜在的不安全食品对消费者人身安全损害的发生或扩大，保障消费者的人身与财产安全。食品召回制度具有预防性、无偿性、大众性、实体法与程序法兼容性等特征。所谓预防性是指食品召回制度能预防食品安全事件的发生或者阻止其进一步扩大，从而防止更多人的生命健康利益受到侵害。

该制度有利于防患于未然，避免因该类产品造成大规模损害的发生。无偿性是指生产商、经销商、进口商必须依照法律程序无偿地召回不安全食品。因为不安全食品的产生责任在于生产者一方，消费者是受害者，所以经济损失必须由生产者承担，这也是实质正义的必然要求。大众性是食品召回制度最典型的特点，因为相比而言，汽车、玩具等产品召回涉及的只是一部分消费者，而食品消费是所有人都需参与的活动。

一、我国食品召回制度

（一）食品召回制度的主要内容

1. 食品召回的监督管理

我国不安全食品的召回在政府部门的监管下进行。《食品安全法》及《食品召回管理办法》明确规定，国家食品药品监督管理总局负责汇总分析全国不安全食品的停止生产经营、召回和处置信息，根据食品安全风险因素，完善食品安全监督管理措施。县级以上地方食品药品监督管理部门负责收集、分析和处理本行政区域不安全食品的停止生产经营、召回和处置信息，监督食品生产经营者落实主体责任。

2. 食品安全危害评估

食品召回的危害评估是根据缺陷食品存在问题的性质和程度，结合缺陷食品上市时间的长短、进入市场数量的多少、流通的方式及消费群体等情况，对其可能对消费者造成的不同健康危害的危险程度进行综合分析和评估。危害评估结论将为确定召回的级别及召回的启动和实施提供科学依据和技术支持，以控制食品安全风险。

3. 食品召回的实施

（1）食品召回分级。食品召回的分级应根据风险分析原则和对食品安全危害程度的评估，并与采取的召回措施相对应，根据食品安全危害的严重程度，食品召回分为以下三个级别。

一级召回：食用后已经或者可能导致严重健康损害甚至死亡的，食品生产者应当在知悉食品安全风险后 24 h 内启动召回，并向县级以上地方食品药品监督管理部门报告召回计划。

二级召回：食用后已经或者可能导致一般健康损害，食品生产者应当在知悉食品安全风险后 48 h 内启动召回，并向县级以上地方食品药品监督管理部门报告召回计划。

三级召回：标签、标识存在虚假标注的食品，食品生产者应当在知悉食品安全风险后 72 h 内启动召回，并向县级以上地方食品药品监督管理部门报告召回计划。标签、标识存在瑕疵，食用后不会造成健康损害的食品，食品生产者应当改正，可以自愿召回。

实施一级召回的，食品生产者应当自公告发布之日起 10 个工作日内完成召回工作。实施二级召回的，食品生产者应当自公告发布之日起 20 个工作日内完成召回工作。实施三级召回的，食品生产者应当自公告发布之日起 30 个工作日内完成召回工作。情况复杂的，经县级以上地方食品药品监督管理部门同意，食品生产者可以适当延长召回时间并公布。

根据不安全食品可能对人体造成的健康危害程度，对不安全食品实施分级召回，且对不同召回级别采用不同的管理体制，并使公众知道被召回食品的危害程度，从而采取不同的处理方法和处理态度。这也有利于政府职能部门对食品召回进行分类管理，增强工作的针对性，提高行政效率。

（2）食品召回层次。食品监管部门及食品生产经营者根据确定的食品召回级别及市场分布情况，确定召回行动需要延伸的程度。食品召回通常在以下三个层面进行。

批发层面：指召回延伸程度达到进口商、批发商的召回行动。

零售层面：指召回延伸程度达到零售商的召回行动。

消费、使用层面：指召回延伸程度达到消费者或使用该食品的食品生产经营者的召回行动。

（3）食品召回方式。食品召回的实施主要分为自主召回和责令召回两种方式。

自主（主动）召回：食品生产经营者通过自行检查，或者通过销售商、消费者的报告或投诉，或者通过有关监管部门通知等方式，获知其生产经营的食品存在缺陷时主动实施的食品召回行动。自确认食品属于应当召回的不安全食品之日起，一级召回应当在 1 日内，二级召回应当在 2 日内，三级召回应当在 3 日内，通知有关销售者停止销售，通知消费者停止消费。

责令召回：经确认有下列情况之一的，县级以上人民政府食品药品监督管理部门应当责令食品生产者召回不安全食品，并可以发布有关食品安全信息和消费警示信息，或采取其他避免危害发生的措施。

其一，食品生产者故意隐瞒食品安全危害，或者食品生产者应当主动召回而不采取召回行动的；其二，由于食品生产者的过错造成食品安全危害扩大或再度发生的；其三，国家监督抽查中发现食品生产者生产的食品存在安全隐患，可能对人体健康和生命安全造成损害的。食品生产者在接到责令召回通知书后，应当立即停止生产和销售不安全食品。

县级以上地方食品药品监督管理部门收到食品生产者的召回计划后，必要时可以组织专家对召回计划进行评估。评估结论认为召回计划应当修改的，食品生产者应当立即修改，并按照修改后的召回计划实施召回。

虽然有两种召回方式，但我国食品召回的方式仍处于被动阶段，甚至出现不责令不召回的现象。食品企业能主动召回，这体现了他们认真负责的经营理念和经营态度，同时主动召回也为企业建立了诚信形象。例如，雀巢公司就曾召回旗下品牌的 50 万包馄饨，原因是有消费者在馄饨中发现了玻璃碴，因雀巢公司及时主动的召回，没有消费者因此次事件而受伤，雀巢也随后宣布向消费者致歉。此次召回事件不但没有对消费者造成任何损害，反而使消费者更加信赖雀巢公司。

除了雀巢公司以外，全球知名的美国食品制造商玛氏（Mars）也发生过类似情况。2016 年 2 月 23 日，玛氏宣布在 55 个国家召回一系列的巧克力棒，此次召回涉及的品牌包括士力架、银河棒、玛氏等产品。因为在德国出售的士力架巧克力产品中发现"塑料片"，可能会导致食用者窒息。通过这些事件，我国生产经营者更加需要认真思考自己的社会责任，而食品召回正是考量生产经营者履行社会责任感的标尺。

4. 食品召回监督

实施召回的食品应当定点存放，存放场所应当有明显标志。实施召回的单位必须准确记录召回食品的批号和数量。食品生产者应当根据《食品安全法》等有关法律、法规、规章规定及时对不安全食品进行无害化处理。食品生产或经营者应当将食品召回和处理情况向所在地县级人民政府食品药品监督管理部门报告；需要对召回的食品进行无害化处理、销毁的，应当提前报告时间、地点。食品药品监督管理部门认为必要的，可以实施现场监督。

5. 相关法律责任

食品生产者在实施食品召回的同时，不免除其依法承担的其他法律责任。根据召回的实施情况，对违法者行政处罚的裁量以是否消除对公众的危害为原则。对缺陷食品实施召回，分别设定了从轻和从重处罚的条件：食品生产经营者实施主动召回，经评估认为达到预期效果的，食品监管部门对其生产经营缺陷食品的违法行为进行行政处罚时，可以依法从轻、减轻或者免除行政处罚。反之，食品监管部门发出召回令后，食品生产经营者拒不执行召回令的，食品监管部门在对其生产经营缺陷食品的违法行为进行行政处罚时，可以依法从重处罚。

（二）食品召回配套制度

食品召回制度对预防食品安全问题的发生有积极的作用，但食品召回制度还需要与其他配套制度相结合才能够在实践中充分发挥作用。实施食品召回制度可以促进与食品召回制度配套的其他制度的完善。

1. 食品溯源制度

国际食品法典委员会（CAC）与国际标准化组织（ISO）把可追溯定义为：通过登记的识别码，对商品或行为的历史和使用或位置予以追踪的能力[1]。食品溯源制度是食品召回制度的基础。食品溯源制度可以迅速查明不安全食品所在，只有不安全食品才需要被召回。

2015 年新修订的《食品安全法》第四十二条中提到，国家要建立食品安全全程追溯制度。其中规定食品生产经营者应当建立食品安全追溯体系，保证食品可追溯，并且鼓励食品生产经营者采用信息化手段采集、留存生产经营信息，建立食品安全追溯体系。食品溯源制度是我国食品召回制度的一种信息化监管的方式，通过这种方式，能为食品召回带来更多的便利。目前在国际上食品安全追溯十分重要，因此国内一些第三方食品追溯平台也相继出现。但是相对而言，国家食品安全追溯平台更加完备。

国家食品安全追溯平台于 2007 年正式成立，到现在已经进行了 10 多年的相关工作。该平台在 2012 年得到了国家认可，是国家发改委确定的重点食品质量安全追溯物联网应用示范工程，主要面向全国生产企业，实现产品追溯、防伪及监管，由中国物品编码中心建设及运行维护，由政府、企业、消费者、第三方机构使用。国家平台接收 31 个省级平台上传的质量监管与追溯数据，完善并整合条码基础数据库、QS、监督抽查数据库等质检系统内部现有资源

---

[1] 倪楠，舒洪水，苟震. 食品安全研究 [M]. 北京：中国政法大学出版社，2016：172.

（分散存储、互联互通），通过对食品企业质量安全数据的分析与处理，实现信息公示、公众查询、诊断预警、质量投诉等功能。

虽然国家食品安全追溯平台正在如火如荼地运行中，但我国食品企业数量多、规模小、集中度低，要建立起完备的食品追溯制度，还需要经过较长时间的摸索与努力。

2. 食品安全标准制度

我国及国外食品召回制度的实践表明：判断食品是否需要召回，要进行食品安全危害调查和食品安全危害评估。科学技术日新月异，"可能对人体健康造成的损害"的标准也是随着科学的进步而不断更新的，我国需要加快标准的制定和更新。

3. 食品安全信息公布制度

有效的食品召回离不开有效的信息收集。我国《食品安全法》第一百一十八条规定：国家建立统一的食品安全信息平台，实行食品安全信息统一公布制度。[1] 国家食品安全总体情况、食品安全风险警示信息、重大食品安全事故及其调查处理信息和国务院确定需要统一公布的其他信息由国务院食品药品监督管理部门统一公布。食品安全风险警示信息和重大食品安全事故及其调查处理信息的影响限于特定区域的，也可以由有关省、自治区、直辖市人民政府食品药品监督管理部门公布。未经授权不得发布上述信息。公布食品安全信息，应当做到准确、及时，并进行必要的解释说明，避免误导消费者和社会舆论。

食品安全信息的公布也是信息化监管的体现，不仅可以让公众及时地了解相关信息，同时也能督促国家有关部门以及食品安全事件的相关负责人尽快处理。

4. 紧急快速反应制度

我国已经初步形成紧急状态法律体系。国务院食品药品监督管理部门应当会同国务院有关部门，根据食品安全风险评估结果、食品安全监督管理信息，对食品安全状况进行综合分析。对经综合分析表明可能具有较高程度安全风险的食品，国务院食品药品监督管理部门应当及时提出食品安全风险警示，并向社会公布。

5. 食品召回责任保险制度

食用产品召回责任保险（食品召回责任保险）是以食品召回责任保险的被保险人对第三者依法应负的赔偿责任为保险标的保险。我国现阶段食品生产和销售企业绝大多数规模较小，在食品出现不安全因素情形下，面对高额的召

---

[1] 刘金福，陈宗道，陈绍军. 食品质量与安全管理 ［M］. 北京：中国农业大学出版社，2016：83.

回成本，如实施召回往往会导致其巨额亏损甚至破产，因此难免会心存侥幸心理而拒绝落实召回制度。

目前，我国并没有相关法律法规强制要求食品生产商和销售商购买食品召回责任保险，但是我们有必要借鉴美国等发达国家的做法，建立食品召回责任保险制度，以此作为转嫁召回成本、鼓励企业勇于召回不安全食品的举措，从而有效保护消费者和企业的权益。

二、国外食品召回制度

（一）美国食品召回制度

美国是食品召回制度相对比较完善的国家，其食品召回实践具有一定的代表性。美国对食品供应实行机构联合监管制度，食品召回是在政府行政部门的主导下进行的。美国农业部食品安全检验局（FSIS）和美国食品药品监督管理局（FDA）在法律的授权下对食品市场进行监管，召回缺陷食品。FSIS 主要负责肉、禽和蛋类产品质量的监督及其缺陷产品的召回，FDA 主要负责FSIS 管辖以外产品的监督和召回，即肉、禽和蛋类制品以外的食品。FSIS 和FDA 对缺陷食品可能引起的损害进行分级并以此作为依据确定食品召回的级别。

美国食品召回在两种情况下发生：一是企业得知产品存在缺陷，主动从市场上撤下食品；另一种是 FSIS 或 FDA 要求企业召回食品。无论哪种情况，召回都在 FSIS 或 FDA 的监督下进行。美国的食品召回遵循着严格的法律程序，其主要步骤包括企业报告、FSIS 或 FDA 评估报告、制订召回计划、实施召回计划。企业制定的缺陷食品召回计划经 FSIS 或 FDA 认可后即可实施。

美国在其几十年的食品召回实践中逐渐积累了自己的经验：

（1）由政府职能部门主导实施食品召回；

（2）有完善的食品召回法律、法规；

（3）政府和企业食品召回责任明确；

（4）政府管理部门的抽检制度完善；

（5）食品召回程序可操作性强；

（6）充分发挥企业在食品召回中的诚信自律。

美国食品召回制度之所以如此有效，与其建立透明化、规范化的可追溯系统有着十分密切的关系，它是食品召回制度的基本技术保障，是信息化监管技术在食品召回制度中的应用。2011 年，美国国会通过了《FDA 食品安全现代化法》，该法要求食品生产者、经营者或是所有权人，在食品生产、加工、包装、储存等过程中要正确认知并评估其可能发生的质量风险，针对可能发生的质量风险，采取合理的措施将风险降至最低或完全避免危害的发生，在整个风险评估及处理过程中要做好监控与记录，这个记录至少需要留存2年，这就是食品企业内部的可追溯系统。同时，该法还要求食品企业将这个内部的可追溯系统与FSIS、FDA的监管系统进行连接，以提高政府监管部门的效率。这个可追溯系统的建立，不但可以提高召回的效率，还能够最大限度地节省召回成本和挽回企业声誉。

（二）澳大利亚食品召回制度

澳大利亚食品召回由澳大利亚新西兰食品标准局（Food Standards Australia/New Zealand，FSANZ）主导进行，国家、州和地方立法共同管理。在澳大利亚、新西兰食品标准局设有专门的食品召回协调员，各州和地方也设有州和地方的召回协调员。澳大利亚的食品召回主要依据《澳新食品标准法典》《贸易行为法案》《澳新食品工业召回规范》的相关规定。

澳大利亚依据产品的销售渠道和销售范围来确定食品召回的级别，目前其分级只有贸易召回和消费者召回两个水平。贸易召回指产品从分销中心和批发商那里召回，也可以从医院、餐馆和其他主要公共饮食业中召回。消费者召回指涉及生产、流通、消费所有环节的召回，包括从批发商、零售商甚至是消费者手中召回任何受到影响的产品，是最广泛类型的召回。不同水平的食品召回，其召回法则亦不同。譬如，贸易召回只要求通知相关媒体，而消费者召回除了要通知媒体，还要通知公众。

澳大利亚食品召回运行由制定食品召回计划、启动食品召回、实施食品召回、食品召回完成评价四个环节组成。在食品召回制度的信息化监管方面，澳大利亚规定每一个层面的食品生产、加工、分销（包括进口和零售）都必须制定食品的追溯系统，因为有了完备的食品追溯体系，可以查到食品从农田到餐桌每个环节中的信息，能让食品召回工作更加迅速及准确。并且从召回信息上来看，澳大利亚的每一次食品召回，从中央联邦到地方，从FSANZ到召回发起者，从政府部门到各类国内的社会团体、国际组织都有良好的信息交流，使食品召回机制在横向和纵向上都能运行顺畅。

（三）德国食品召回制度

对于涉及公民健康与安全的食品问题，德国早在1879年就进行立法，制订了《食品法》，可见其对食品安全的重视。而在经历了两次世界大战和20世纪70年代的经济危机后，德国的食品安全监管体制并没有发生大的变革，直到 20 世纪末的英国"疯牛病"发生"东扩",人们真切感受到食品风险所带来的潜在威胁或者已受到不安全食品的危害,才迫使德国彻底地推动食品安全监管的体制改革,开始走向以风险为中心的食品监管。

在德国,食品安全局和联邦消费者协会等部门联合成立了"食品召回委员会",专门负责问题食品召回事宜。德国的食品召回制度分为三个等级,其中"重级"主要针对可能导致难以治疗甚至致死的健康损伤的产品,"中级"主要针对可能对健康产生暂时影响的产品,"轻级"则主要针对不会产生健康威胁、但内容与说明书不符的产品。

德国食品安全局和联邦消费者协会等部门联合成立的食品召回委员会负责召回的监督实施。通常先由食品出了问题的企业在 24 小时内向委员会提交报告,委员会对其给出评估报告,并正式开始实施召回计划。德国在食品安全监管的改革中也在不断地跟随时代的变化,在食品召回中应用信息化监管。例如,德国联邦食品与农业部开设了"我们吃什么"网站,将存在巨大安全隐患的食物公开曝光。不但如此,在 2010 年发生的德国西北部北威州的"二噁英毒饲料"事件中,德国与欧盟在疯牛病后建立起来的欧盟食品与饲料快速预警系统(RASFF)就扮演了关键角色。

该系统是一个连接欧盟委员会、欧洲食品安全管理局以及各成员国食品与饲料安全主管机构的网络,它要求各成员国通过 RASFF 迅速通告如下信息:各国为保护人类健康而采取的限制某食品或饲料上市,或强行使其退出市场,或回收该食品或饲料,并需要紧急执行的措施。

德国的欧盟快速预警系统的联络点是联邦消费者保护和食品安全局,因此,在这次危机暴发后,为了防止这些有毒饲料流入消费市场,德国联邦农业部宣布临时关闭 4 700 多家农场,超过 8 000 只鸡被强制宰杀,并且德国当局立即告知欧盟快速预警系统。后德国证实受污染的鸡蛋经过加工后可能流入英国市场,迅速将情况通知欧盟委员会,由欧盟委员会告知英国政府,后者随即开展调查工作。如此高效灵活的预警系统的有效运作,保障了德国及其他欧盟成员国的食品安全。

第四节　食品安全风险监测

一、我国食品安全风险监测体系

（一）食品安全风险监测体系简介

作为食品安全风险监测的主要内容，有毒有害物质监测体系是通过系统和持续地收集食品污染以及食品中有害因素的监测数据及相关信息，并进行综合分析和及时通报的活动。食品安全风险监测旨在掌握我国食品安全风险分布和食源性疾病状况，是食品安全标准和风险评估的基础，为食品安全监管提供重要技术支撑。其结果重点服务于食品安全风险评估、食品安全标准制定以及食品安全监管。监测的内容包括食品污染物和食品中有害因素。

食品污染物是指食品从生产（包括农作物种植、动物饲养和兽医用药）、加工、包装、贮存、运输、销售直至食用等过程中产生的或由环境污染带入的、非有意加入的化学性危害物质。食品中有害因素指在食品生产、流通、餐饮服务等环节，除了食品污染以外的其他可能途径进入食品的有害因素，包括自然存在的有害物、违法添加的非食用物质以及被作为食品添加剂使用的对人体健康有害的物质。

1981 年我国加入了 GEMS/Food 组织，成立了世界卫生组织（WHO）食品污染物监测（中国）检测中心，与世界卫生组织、联合国粮农组织等相关国际组织建立了广泛的联系。从 2000 年起，在卫计委（中华人民共和国国家卫生和计划生育委员会，2018 年，组建中华人民共和国国家卫生和健康委员会，不再保留卫计委）和科技部的领导和支持下，中国疾病预防控制中心营养与食品安全所先后建立了全国食品污染物监测网络和全国食源性致病菌监测网络。

经过不懈努力，我国食品污染物和食源性疾病监测网络建设取得重大进展。通过网络监测，重点对我国消费量较大的 29 种食品中常见的 36 种化学污染物、5 种重要食物病原菌污染情况，以及食源性疾病病因、流行趋势等进行了监测和评估。经过连续监测，初步摸清了我国食品中重要污染物和食源性疾病发病状况。

"十一五"期间，从中央到省、市、县（区），并延伸覆盖农村地区的卫生监督网络初步形成，建立了以 31 个省级和 312 个县级监测点为基础的全国食品安全风险监测网络。通过 2009~2010 年的努力，在全国建立起覆盖各省、市、县（区）并逐步延伸到农村地区的食品污染物和食源性疾病监测体系，以加强食品安全风险监测数据的收集、报送和管理，提高我国食品安全水平。食品污染物监测网已在全国建立 16 个监测点（省）。监测项目涵盖重金属、有机氯农药、有机磷农药和环境污染物等与居民日常饮食密切相关的污染情况指标。

"十二五"期间，全国共设置食品安全风险监测点 1 196 个，覆盖了 100% 的省份、73% 的地市和 25% 的县（区）。国家启动了食品安全风险监测能力建设试点项目，同时建了食品中非法添加物、真菌毒素、农药残留、兽药残留、有害元素、重金属、有机污染物以及二噁英 8 个食品安全风险监测国家参比实验室。组织研究并及时公布食品中非法添加物和易滥用食品添加剂"黑名单" 6 批，涉及非法添加物 64 种、易滥用食品添加剂 22 种。

在食品安全标准与监测评估"十三五"（2016—2020）规划中，计划设立风险监测点 2 656 个，覆盖所有省、地市和 92% 的县级行政区域，建立起以国家食品安全风险评估中心为技术核心、各级疾病预防控制和医疗机构为主体、相关部门技术机构参与的食品安全风险监测网络。制定实施国家食品安全风险监测计划，监测品种涉及 30 大类食品，囊括 300 余项指标，累积获得 1 500 余万个监测数据，基本建立了国家食品安全风险监测数据库。

（二）食品安全风险监测部门和方案的制订

食品安全风险监测工作由省级以上人民政府卫生行政部门会同同级质量监督、工商行政管理、食品药品监督管理等部门确定的技术机构承担。承担食品安全风险监测工作的技术机构应当根据食品安全风险监测计划和监测方案开展监测工作，保证监测数据真实、准确，并按照食品安全风险监测计划和监测方案的要求，将监测数据和分析结果报送省级以上人民政府卫生行政部门和下达监测任务的部门。

国务院质量监督、工商行政管理、中华人民共和国国家卫生和健康委员会（以下简称卫健委）、国家食品药品监督管理及国务院工业和信息化等部门制定国家食品安全风险监测质量控制方案并组织实施，省、自治区、直辖市卫生行政部门组织同级质量监督、工商行政管理、食品药品监督管理、工业和信息化等部门，根据国家食品安全风险监测计划，结合本地区人口特征、主要生产和消费食物种类、预期的保护水平以及经费支持能力等，制订和实施本行政区域的食品安全风险监测方案。

省、自治区、直辖市卫生行政部门应将食品安全风险监测方案及其调整情况报卫健委备案，并向卫健委报送监测数据和分析结果。国务院卫生行政部门应当将备案情况、风险监测数据分析结果通报国务院农业行政、质量监督、工商行政管理和国家食品药品监督管理以及国务院商务、工业和信息化等部门。

卫健委会同国务院有关部门在综合利用现有监测机构能力的基础上，根据国家食品安全风险监测工作的需要，制订和实施加强国家食品安全风险监测能力的建设规划，建立覆盖全国各省、自治区、直辖市的国家食品安全风险监测网络。省、自治区、直辖市卫生行政部门会同省级有关部门，根据国家和本地区食品安全风险监测工作的需要，制订和实施本地区食品安全风险监测能力建设规划，建立覆盖各市（地）、县（区），并逐步延伸到农村的食品安全风险监测体系。

二、国外食品安全风险监测体系

（一）美国食品安全风险监测体系

1. 监测机构

美国建立的食品安全系统有较完备的法律及强大的企业支持，它将政府职能与各企业食品安全体系紧密结合，担任此职责的部门主要由卫生和公众服务部（DHHS）、食品药品监督管理局（FDA）、美国农业部（USDA）、食品安全检验局（FSIS）、动植物卫生检验局（APHIS）、国家环境保护局（EPA）组成，同时海关定期检查、留样监测进口食品。其中，FDA在美国食品安全风险监测方面承担非常重要的职责。

2. 监测范围和对象

美国的食品污染物监测工作包括农药残留、兽药残留的检测，总膳食调查和其他相关污染物的长期监测。农药残留监测工作主要是由食品药品监督管理局、美国农业部共同执行，FDA主要负责农副产品中农药残留的监测工作和总膳食的调查，并且对超标的农副产品具备处罚权；美国农业部的食品安全检验局和动植物卫生检验局分别负责畜禽食品安全和农产品进口检验检疫工作，并开展兽药残留的监测。

而美国的疾病监测是以"国家—州—地方"三级公共卫生部门为基本架构。美国卫生部对地方部门的疾病监测能力有很具体的要求，使其成为国家监测网络的一部分。国家有一级监测网络上百个，如全国医院传染病监控系统、全国法定报告疾病监控系统、食源性疾病主动监测网、水源性疾病主动监测网、公共卫生信息系统等。这些网络既有分工也能有机地连接、交流和合作。

（二）欧盟食品安全风险监测体系

1. 监测机构

欧盟食品安全局（EFSA）是一个独立的法律实体，负责监控整个食品链，工作上完全独立于欧盟委员会，其经费来源于欧盟财政预算，是欧盟进行风险监测与评估的主要机构，其评估结果直接影响欧盟成员国的食品安全政策、立法。欧盟食品安全局建立风险信息和数据监控程序，并及时系统查询、收集、分析、识别潜在风险，同时向成员、其他机构和欧盟委员会寻求相关信息进行确证，并将收集的风险信息、评估结果提交欧盟议会和欧盟委员会及各成员。

2. 监测范围和对象

欧盟食品安全局对食品安全风险监测的范围，主要包括食品消费和与食品消费相关的个人暴露风险，生物性危害的发生和流行状况，食品和饲料的污染情况、残留物等。通过与请求的国家、第三国家和国家机构等收集信息的组织机构密切合作，实现上述信息的收集。同时，欧盟食品安全局可以向成员和欧盟委员会提交合理化建议，促进欧盟层面的技术统一。

目前 EFSA 主要是应欧洲委员会的请求进行风险监测与评估，同时根据新出现的食品安全问题开展一些项目研究。欧盟已经将残留监控的技术规范转变为污染物监控方面的指令和执行法令，检测包括动物源残留物质的监测，农药残留检测及其他监测方案。欧盟监测体系与 GEMS/Food-European 监测组织是相互协调的，均是要求每个国家将监测数据上报给该组织，以便更好地了解欧洲地区食品中污染物的污染状况。

（三）日本食品安全风险监测体系

1. 监测机构

日本政府根据国内和国际食品安全形势发展需求，2003 年 7 月颁布了《食品安全基本法》，根据该法的规定成立了食品安全委员会，专门从事食品安全风险监测评估和风险交流工作。日本食品安全风险管理部门主要是厚生劳动省和农林水产省。

2. 监测范围和对象

厚生劳动省主要开展与食品卫生相关的风险管理工作，制定食品添加剂与农残标准，通过食品生产批发零售监控保证食品安全，实施风险交流工作；农林水产省主要开展与农林、水产品相关的风险管理工作，进行食品原材料安全管理，并采取措施改进农林、水产品生产、批发、零售过程的安全，实施风险交流工作。由食品安全委员会组织执行的风险评估典型案例有 BsE（疯牛病）

相关食品安全风险评估、海产品中甲基水银的安全风险评估、Madder color（茜草素）安全风险评估等。

第五节　进出口食品安全监管

一、我国进出口食品安全管理体系

我国进出口食品安全管理的历史可以溯源到 20 世纪初，但进出口食品安全管理的体系化建设不过十余年时间。《中华人民共和国食品安全法》颁布以后，我国进出口食品安全管理体系建设进展迅速，先后出台《进出口食品安全管理办法》《进口食品境外生产企业注册管理规定》及针对特定进口食品的若干规章，进口食品安全管理体系基本形成。

（一）进出口食品管理的相关法律法规

在我国当前的法律体系当中，关于进出口食品安全的特定法律并不多，2015 年十二届全国人民代表大会常务委员会第十四次会议通过的《中华人民共和国食品安全法》是我国关于进出口食品安全法律体系的核心，同时《中华人民共和国进出口动植物检疫法》《中华人民共和国进出口商品检验法》等法律以及《进出口乳品检验检疫监督管理办法》《国务院关于加强食品等产品安全监督管理的特别规定》等行政法规与其相结合构成了关于进出口食品安全整套法律体系。

《中华人民共和国食品安全法》第六章是对进出口食品安全的专章规定，共有 11 项条文。该法对进口食品的流程、检验检疫方式、应急事件处理方法、登记管理和信息管理等方面做了重要规定。其中第九十二条明确规定，进口食品、食品添加剂以及食品相关产品必须在取得我国检验检疫机构出具的符合我国食品安全国家标准的证明后，才能通过海关放行，这也与《技术性贸易壁垒协议》和《实施卫生和植物卫生措施协议》中的关于本国待遇的规定相一致。

对没有相关国家标准的进口食品、食品添加剂及相关产品，该法第九十三条规定，由境外出口商、境外生产企业或者其委托的进口商向国务院卫生行政部门提交所执行的相关国家（地区）标准或者国际标准。国务院卫生行政部门对相关标准进行审查，认为符合食品安全要求的，决定暂予适用，并及时制定相应的食品安全国家标准。这一条款相比 1989 年通过的《中华人民共和国进出口商品检验法》中的相关规定，有了很大的改进，主要是对无法依据现有法律进行判定的情况进行了补充规定，并将其判定的权力授予了国家卫生行政部门。一方面完善了之前法律中所存在的漏洞，另一方面也有利于制定食品安全的国家标准的部门灵活进行管理。

我国现行的技术性法规与标准可以划分为强制性和自愿性两种类型。食品安全标准是保障我国国民健康的强制性标准。《中华人民共和国标准化法》第三章第十四条规定：强制性标准，必须执行。不符合强制性标准的产品，禁止生产、销售和进口。在技术法规层面，我国则是通过食品安全强制性标准来代替技术法规的具体实施。

(二) 进口食品质量安全监管制度

经过多年的探索与实践，中国建立了一整套进口食品质量安全监管制度和保障措施，确保了进口食品的安全。

1. 科学的风险管理制度

按照 WTO/SPS 协定及国际通行做法，中国政府对肉类、蔬菜等高风险进口食品实行基于风险管理的检验检疫准入制度，包括对出口国申请向中国出口的高风险食品开展风险分析，对风险可接受的食品与出口国主管部门签署检验检疫议定书，对国外生产企业实施卫生注册，对动植物源性食品实施进境检疫审批等。如果出口国发生了动植物疫情疫病或严重的食品安全卫生问题，及时采取相应的风险管理措施，包括暂停可能受到影响的食品进口等。

2. 严格的检验检疫制度

进口食品到达口岸后，中国出入境检验检疫机构依法实施检验检疫，只有经检验检疫合格后方允许进口。海关凭检验检疫机构签发的入境货物通关单办理进口食品的验放手续，之后在中国市场上销售。在检验检疫时如发现质量安全和卫生问题，立即对存在问题的食品依法采取相应的处理措施。

3. 完善的质量安全监控制度

在依法对进口食品实施检验检疫的同时，对风险较高的食品以及在检验中发现问题较多的食品和项目实行重点监控。对发现严重问题或多次发现同一问题的进口食品及时发出风险预警，采取包括提高抽样比例、增加检测项目、暂停进口在内的严格管制措施。

4. 严厉打击非法进口的制度

中华人民共和国国家市监督管理总局与海关总署建立了关检合作机制，联合打击非法进口食品行为。中国与欧盟委员会签署《中欧联合打击非法进出口食品行为合作安排》，明确了双方将通过开展信息通报、技术合作、专家互访和联合专项打击行动措施等，共同打击欺诈、夹带、非法转口、走私等非法进出口食品行为。

二、国外进出口食品安全管理体系

进口食品的监管控制可在生产源头、入境口岸、再加工过程、转运和分销、储存及售卖等食品生产流通消费链的各个环节进行。在各国/地区进口食品的管理实践中，也逐渐摒弃了以往单靠口岸检验的做法，将监管链前后延伸。如美国 2011 年颁布的《食品安全现代化法案》，就改变了以往不重视源头监管的做法，设置了规模庞大的国外食品企业检查计划，在该法案颁布 1 年内检查了不少于 600 家国外企业，随后 5 年中每年检查企业数量以同比一倍以上的比例递增，6 年之内总检查数量达 37 800 家以上，占所有境外企业数量的 20%。

在进口前实施体系认可、企业注册、检疫审批，进口时实施提前通报、指定口岸、分级查验，进口后实施后续市场监控、不合格产品召回，已成为各国/地区的通行做法。这些制度相互衔接，构成覆盖进口食品整个生命历程的监管链。

各国/地区食品安全法规特别强调生产经营者对于食品安全的无限主体责任，及政府部门的有限监管责任。日本《食品安全基本法》规定，食品生产经营者是食品安全的第一责任人，有义务采取措施保障食品各环节的安全性；美国食品药品监督管理局（FDA）《管理程序手册》更是明确指出，"FDA 属于监管机构，而非质量控制实验室"❶。

为落实进口食品企业的主体责任，各国/地区均采取了若干针对性措施，如日本要求企业对其生产经营的产品实施自主检查等。

---

❶ 胥义，王欣，曹慧. 食品安全管理及信息化实践 [M]. 上海：华东理工大学出版社，2017：70.

参考文献

［1］白晨，黄玥．食品安全与卫生学［M］．北京：中国轻工业出版社，2014.

［2］操恺，蔡晶．食品包装检验［M］．北京：中国质检出版社，2015.

［3］常学荣．膳食营养与疾病防治［M］．兰州：甘肃科学技术出版社，2016.

［4］陈沁，张文举，张娟．食品营养、安全与生活［M］．上海：复旦大学出版社，2012.

［5］陈学辉．食品安全与健康饮食［M］．沈阳：辽宁科学技术出版社，2018.

［6］丁斌，姜霞．食品安全检测技术［M］．成都：电子科技大学出版社，2016.

［7］董全，刘承初．食品加工和物流安全控制［M］．北京：中国质检出版社，2013.

［8］方玉媚，左之才．食品安全［M］．成都：四川教育出版社，2010.

［9］高彦祥．食品添加剂［M］．北京：中国轻工业出版社，2019.

［10］龚花兰．食品营养卫生与健康［M］．上海：复旦大学出版社，2018.

［11］郭红卫．营养与食品安全［M］．上海：复旦大学出版社，2005.

［12］郭红卫．营养与食品安全宝典［M］．上海：复旦大学出版社，2009.

［13］郭俊生．现代营养与食品安全学［M］．上海：第二军医大学出版社，2006.

［14］国家食品安全评估中心，食品安全国家标准评审委员会．食品安全国家标准汇编食品产品、特殊膳食用食品、食品生产经营规范、食品相关产品［M］．北京：中国人口出版社，2014.

［15］国家食品药品监督管理局，黑龙江省食品药品监督管理局．食品安全监督管理［M］．北京：中国医药科技出版社，2008.

［16］郝利平．食品添加剂［M］．北京：中国农业大学出版社，2016.

［17］霍红，张春梅，顾福珍．食品安全物联网［M］．北京：中国物资出版社，2011.

［18］金征宇，彭池方．食品安全［M］．杭州：浙江大学出版社，2008.

［19］雷铭，冉小峰．食品营养与卫生安全管理［M］．北京：旅游教育出版社，2017.

[20] 李良．食品包装学［M］．北京：中国轻工业出版社，2017.

[21] 李敏，沈慧，秦海宏．现代营养学与食品安全学［M］．2 版．上海：第二军医大学出版社，2013.

[22] 李云捷，黄升谋．食品营养学［M］．成都：西南交通大学出版社，2018.

[23] 李云，朱辅华．食品营养与安全［M］．成都：四川大学出版社，2009.

[24] 凌强，李晓英，孙延旭．食品营养与卫生安全导论［M］．2 版．北京：中国旅游出版社，2016.

[25] 凌强，孙延旭，李晓英．食品营养与卫生安全管理［M］．北京：旅游教育出版社，2014.

[26] 凌强．食品营养与卫生安全［M］．北京：旅游教育出版社，2006.

[27] 刘北林．食品保鲜技术［M］．北京：中国物资出版社，2003.

[28] 刘树生，秦磊．食品安全与监管教程［M］．西安：第四军医大学出版社，2009.

[29] 路飞，陈野．食品包装学［M］．北京：中国轻工业出版社，2019.

[30] 吕晓华，张立实．食品安全与健康［M］．北京：中国医药科技出版社，2018.

[31] 任端平，冀玮，宋凯栋．新食品安全法及配套规章理解适用与案例解读［M］．北京：中国民主法制出版社，2016.

[32] 任筑山，陈君石．中国的食品安全过去、现在与未来［M］．北京：中国科学技术出版社，2016.

[33] 阮赞林等．食品安全判例研究［M］．上海：华东理工大学出版社，2019.

[34] 宋春丽，任健．食品营养学［M］．哈尔滨：哈尔滨工程大学出版社，2018.

[35] 宋治军，赵锁劳．食品营养与安全分析测试技术［M］．咸阳：西北农林科技大学出版社，2005.

[36] 孙军，郭礼强，孙清荣．食品分析与检测［M］．石家庄：河北教育出版社，2016.

[37] 唐雨德，周东明．食品营养与安全［M］．苏州：苏州大学出版社，2016.

[38] 王灿发，赵胜彪．食品安全与健康维权［M］．武汉：华中科技大学出版社，2019.

[39] 王贵松．日本食品安全法研究［M］．北京：中国民主法制出版社，2009.

[40] 王慧，刘烈刚．食品营养与精准预防［M］．上海：上海交通大学出版社，2020.

[41] 吴惠娟．膳食营养素使用手册［M］．广州：广东科技出版社，2016.

[42] 夏延斌，钱和．食品加工中的安全控制［M］．北京：中国轻工业出版社，2005.

[43] 胥义，王欣，曹慧. 食品安全管理及信息化实践 [M]. 上海：华东理工大学出版社，2017.

[44] 徐洪涛，张宝和，田光. 膳食营养与健康保健 [M]. 北京：军事医学科学出版社，2014.

[45] 徐养鹏，杨汝琴. 膳食营养 [M]. 咸阳：西北农林科技大学出版社，2012.

[46] 杨君，杨桂云. 食品营养 [M]. 北京：中国轻工业出版社，2007.

[47] 于学军，张国治. 冷冻、冷藏食品的贮藏与运输 [M]. 北京：化学工业出版社，2007.

[48] 余海忠，黄升谋. 食品营养学概论 [M]. 北京：中国农业大学出版社，2018.

[49] 张秉琪. 我们在吃什么解读食品营养与安全 [M]. 北京：人民军医出版社，2010.

[50] 张慜. 生鲜食品加工品质调控技术 [M]. 北京：中国轻工业出版社，2013.

[51] 张瑞菊. 食品安全与健康 [M]. 北京：中国轻工业出版社，2011.

[52] 张三省. 仓储与运输物流学 [M]. 广州：中山大学出版社，2007.

[53] 张涛. 食品安全法律规制研究 [M]. 厦门：厦门大学出版社，2006.

[54] 张泽生. 食品营养学 [M]. 北京：中国轻工业出版社，2020.

[55] 章建浩. 食品包装技术 [M]. 北京：中国轻工业出版社，2009.

[56] 赵建春. 食品营养与安全卫生 [M]. 北京：旅游教育出版社，2013.

[57] 赵建民，金洪霞，郭华波. 烹饪营养与食品安全 [M]. 2 版. 北京：中国旅游出版社，2017.

[58] 赵士辉，李家祥. 食品安全 [M]. 天津：天津古籍出版社，2012.

[59] 郑秋阁. 食品添加剂及其应用 [M]. 长春：吉林人民出版社，2018.

[60] 中国民主法制出版社. 最新食品安全执法法律法规手册 [M]. 北京：中国民主法制出版社，2019.

[61] 仲山民，黄丽. 食品营养学 [M]. 武汉：华中科技大学出版社，2017.

[62] 周洁. 食品营养与安全 [M]. 北京：北京理工大学出版社，2018.

[63] 周坤. 食品安全 [M]. 北京：研究出版社，2008.